气动外形优化设计中的
不确定性及高维问题研究

张伟伟　邬晓敬　宋述芳　著

西北工业大学出版社

西　安

【内容简介】 本书首先系统地介绍了气动外形优化所涉及的气动特性评估、气动外形参数化方法、网格变形技术、优化算法等内容;然后考虑气动设计中飞行条件及几何外形的不确定性,介绍了气动不确定性与灵敏度分析以及气动稳健性优化设计等内容;最后针对气动设计中的高维问题,详细介绍了基于降维策略及分解策略的高维优化设计方法。

本书可供航空航天、能源与动力等领域科技工作者参考,也可作为高等学校相关专业研究生或高年级本科生的教材或参考书。

图书在版编目(CIP)数据

气动外形优化设计中的不确定性及高维问题研究/
张伟伟,邬晓敬,宋述芳著. —西安:西北工业大学出版社,2020.7
ISBN 978 - 7 - 5612 - 6447 - 8

Ⅰ.①气… Ⅱ.①张… ②邬… ③宋… Ⅲ.①飞行器-最优设计-研究 Ⅳ.①V47

中国版本图书馆 CIP 数据核字(2019)第 259114 号

QIDONG WAIXING YOUHUA SHEJI ZHONG DE BUQUEDINGXING JI GAOWEI WENTI YANJIU
气动外形优化设计中的不确定性及高维问题研究

责任编辑:李阿盟 王 尧		策划编辑:何格夫	
责任校对:万灵芝		装帧设计:李 飞	

出版发行:西北工业大学出版社
通信地址:西安市友谊西路 127 号　　　　邮编:710072
电　　话:(029)88491757,88493844
网　　址:www.nwpup.com
印 刷 者:陕西天意印务有限责任公司
开　　本:787 mm×1 092 mm　　　　1/16
印　　张:10.25
字　　数:269 千字
版　　次:2020 年 7 月第 1 版　　　　2020 年 7 月第 1 次印刷
定　　价:58.00 元

前　　言

　　气动设计就是满足总体设计所提出的技术要求,确定飞行器的气动布局和外形尺寸,在飞行器设计中占据重要地位,对飞行器的操纵性、航程、载荷、经济性、安全性等都具有决定性的影响。随着计算技术的发展,结合计算流体力学与数值优化算法的气动外形优化成为气动设计的重要技术途径。

　　近40年来,气动外形优化技术得到了广泛的关注和充分的发展,为飞行器设计提供了强有力的技术支撑。然而,该方面研究仍面临着不确定性及高维设计等亟须解决的难题。飞行器在设计和使用过程中,存在着飞行器本身参数和使用环境等诸多不确定性因素,使得飞行器性能出现波动,这将会影响其气动效能。因此,气动优化设计面临着怎样定量地描述及分析不确定性对气动特性的影响,怎样设计基于不确定性的高效气动优化流程等研究问题。另外,随着所涉及问题的复杂度提升,气动外形优化设计面临着高维设计空间内多极值优化的挑战。针对这种高维气动设计难题,当前所发展的方法仍存在局限性,如基于梯度的直接优化方法容易陷入局部极值;基于代理模型的优化方法会出现高维模型精度不足,寻优效果难以保证,故亟须发展新的技术途径及方法来解决这类高维气动优化问题。因此,解决气动优化设计面临的不确定性问题和高维问题正是本书研究的出发点。

　　笔者所在的翼型、叶栅空气动力学国家级重点实验室是我国开展飞行器和航空发动机翼型、叶栅空气动力分析、设计与验证的重要研究基地,在空气动力学新理论、新方法和新技术探索方面长期开展工作,为我国多个型号的气动分析和设计提供了有力支撑。本书在邬晓敬博士学位论文的基础上,主要围绕气动优化设计中所面临的不确定性与高维问题开展研究,对本团队近几年的相关研究工作进行了总结和提炼。本书系统地介绍了气动外形优化所涉及的气动评估、外形参数化方法、网格变形技术和优化方法等内容,详细阐述了考虑飞行条件及几何外形不确定性的气动不确定性与灵敏度分析以及气动稳健性优化设计等研究,并详细介绍了所发展的基于降维策略及分解策略的高维优化设计方法。

本书共 8 章,具体编写分工:第 1 章由邬晓敬、宋述芳和张伟伟撰写,第 2 章由刘溢浪撰写,第 3 章由彭绪浩撰写,第 4 章由邬晓敬和陈文纲撰写,第 5 章由邬晓敬和宋述芳撰写,第 6～8 章由邬晓敬和张伟伟撰写。全书由张伟伟统稿,宋述芳校对。高传强、李春娜、豆子皓、南亨等参与了部分算例设计和图文整理工作,在此一并表示感谢。

本书的相关研究得到国家优秀青年科学基金项目和国家自然科学基金面上项目的资助,为成书积累了丰富的知识基础。另外,本书出版得到西北工业大学"双一流"研究生核心课程建设项目的支持。为此,对相关项目的资助表示衷心的感谢!

本书所阐述的内容主要关注的是新方法研究,在工程应用上还有所欠缺,如仅对翼型开展了基于不确定性的气动分析及优化设计,仅通过简单的机翼验证了所发展的高维气动优化设计新方法,还缺少带复杂约束的高维气动设计方面的探索等。期望本书能够起到抛砖引玉的作用,有更多感兴趣的同行投入精力和时间进行更深入细致的研究。基于以上原因,书中难免存在不足之处,诚望广大读者批评指正。

著 者

2020 年 4 月

目　　录

第1章 绪 论

1.1 气动设计及其重要性

气动设计任务是在满足总体设计提出的技术要求的情况下,确定飞行器的气动布局和外形尺寸。气动设计在飞行器设计中占据重要地位,决定着飞行器的气动性能,对飞行器的操纵性、航程、载荷、经济性、安全性等都具有决定性的影响。优良的气动外形可以有效地降低阻力,提高气动效率和经济效益。为此,在各航空大国的重视与支持下,以翼型与机翼设计为核心的气动外形设计技术得到了长足的发展。而现阶段我国正处于大型客机研制阶段,对气动设计技术提出了更高层次的要求。

在气动设计的发展进程中,有两个重大突破是值得阐述的[1]。第一大突破是计算流体力学(Computational Fluid Dynamics,CFD)的出现及发展。经过三四十年的快速发展,CFD技术以其经济性和高可靠性逐渐替代风洞试验,并在飞行器气动设计中起着不可替代的作用。CFD为依赖设计人员经验的试凑法提供了便捷,且大幅缩减了气动外形设计的经济及时间成本。但是,随着航空科学技术的快速发展,飞行器的各种性能要求不断提高,气动设计的性能指标要求越来越高,设计指标越来越多,这意味着设计人员所面临的飞行器气动设计要求、目标和约束会更多、更复杂,设计空间也会受到限制,这导致设计人员很难均衡所出现的各种设计矛盾。因此,传统的以CFD分析结果为基础的试凑法面临着严峻的挑战[2]。第二大突破是将CFD数值仿真工具与优化算法结合,进行气动外形的优化设计。20世纪70年代,Hicks和Henne率先开展气动外形设计[3],伴随着计算机技术的快速发展,CFD技术和优化技术的结合逐步成为解决气动外形设计问题有力且可靠的技术手段。气动外形优化设计能够减小对设计者经验的依赖,可显著提高飞行器设计性能,有利于新概念飞行器外形布局的诞生。

1.2 经典的气动设计方法

经典的气动设计方法主要是借助于人工试凑的手段,即根据以往经验以及空气动力学理论来设计飞机的气动外形,并通过风洞试验、CFD仿真等手段对外形的气动力指标进行考核,再修改、再测试直至满足设计指标。经典的试凑法基本流程如图1-1所示。

以翼型的设计为例,在进行翼型设计和修正外形时,要综合考虑前缘半径、相对厚度和弯度等翼型参数对其气动特性的影响,前缘半径和相对厚度的增加会提升最大升力系数,同时也会增大阻力系数。以普通层流翼型为初始气动外形设计跨声速超临界翼型为例,试凑法的具体做法是,通过CFD仿真或风洞试验手段进行气动特性评估,会发现初始外形的升阻特性在亚声速时有良好的表现,但在跨声速阶段由于上表面出现激波,阻力增大,不能满足超临界翼型的阻力设计指标,所以,在外形修正时就要适当减小前缘半径,控制相对厚度,并使上表面尽可能处于水平状态。但第二次气动评估时发现其升力系数降低,不能满足升力设计指标,因此第二次外形修正时为了增大升力系数就需要增加翼型弯度,再进行气动评估。如此反复迭代,最终使各项气动性能达到超临界翼型的设计要求。

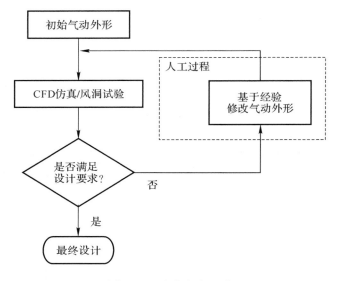

图 1-1　试凑法流程图

　　试凑法是根据外形参数对气动性能的影响,经过多次迭代尝试,最终满足设计要求的方法。这要求设计者有深厚的专业知识和丰富的设计经验,并且这些设计经验很难以书面或教学形式进行传授。试凑法不能寻求设计域内的最优解,仅是通过迭代达到设计要求。

1.3　气动外形优化设计

　　伴随着计算机技术的快速发展,结合 CFD 技术和优化技术而形成的气动外形优化设计逐步成为解决飞行器气动外形设计问题有力且可靠的技术手段。我国的大飞机项目采用了先进的超临界机翼技术和气动外形优化设计技术,提高了飞机的气动效率,增强市场竞争力。

　　气动外形优化设计是将现代 CFD 技术与优化算法相结合,通过计算机自动寻找最优气动外形,是空气动力学、计算机技术、最优化理论与方法、建模技术和机器学习等多学科交叉融合的新兴研究方向。气动外形优化设计能够减小对设计者经验的依赖,显著提高飞行器设计性能,有利于新概念飞行器外形布局的产生。气动外形优化设计所涉及的研究内容主要包括建立设计对象的优化设计模型、气动特性评估方法、气动外形参数化方法、气动网格变形技术和优化算法[4]。其中,优化算法是气动外形优化设计的重要部分,优化算法的优劣直接决定着气动外形设计的优化效果。

1.3.1　气动外形优化设计数学模型

在气动外形优化设计中,首先需要根据具体的工程设计要求确立匹配的优化设计数学模型。优化设计的数学模型如下:

$$\left.\begin{aligned}
\min \quad & f(\boldsymbol{x}) \\
\text{s.t.} \quad & g_i(\boldsymbol{x}) \leqslant 0; \quad i=1,2,\cdots,I \\
& \boldsymbol{x}_L \leqslant \boldsymbol{x} \leqslant \boldsymbol{x}_U
\end{aligned}\right\} \tag{1-1}$$

式中,$f(\boldsymbol{x})$ 表示优化设计的目标函数;$g_i(\boldsymbol{x})$ 表示优化设计的约束函数;$\boldsymbol{x}$ 表示设计变量。

优化设计建模需要根据具体的工程需求来设定相应的设计变量、目标函数及约束条件。现代飞行器气动设计需要考虑的因素越来越多,比如需要考虑结构[5-8]、控制[9-12]、电磁特性[13]、抖振现象[14]、转捩[15]等影响。这些都会造成设计对象不同,进而影响设计变量、目标函数及约束条件的设置。另外,在建立优化设计模型的过程中通常也需要考虑设计目标是单目标还是多目标、单状态点还是多状态点等。对于多目标问题或多状态点问题,可以直接采用多目标优化算法,也可转换成单目标问题进行优化。例如,文献[2]和文献[16]进行了多目标、多状态点的气动外形优化设计,采用了权重系数叠加的方法将多目标或多状态点问题转换成单目标问题。文献[17-18]采用多目标进化算法直接进行多目标的气动外形优化设计。文献[19]发展了一种多级优化方法用于多目标气动外形优化设计。文献[20]用自适应网格技术耦合多目标遗传算法进行多目标气动外形优化设计,这种方法可在提高优化精度的同时提高优化效率。总之,在气动外形优化设计之初,就需要根据设计任务和要求的不同,建立优化设计的数学模型。

1.3.2　直接优化方法

直接优化算法即采用优化算法直接调用 CFD 进行气动外形的寻优。在直接优化方法中,梯度优化算法由于其具有较高的优化效率成为使用最广泛的优化方法。在梯度优化算法中,求解目标函数及约束函数的梯度信息的方式,会对优化的效率产生一定的影响。伴随算法仅需要求解一次流场,便能够获取目标函数或约束函数对全部设计变量的梯度信息,且伴随算法求解梯度的计算工作量与设计变量的维数无关[21],并且将伴随算法的梯度信息提供给梯度优化搜索算法,可以高效地完成气动外形优化设计,因此基于伴随算法的气动外形优化设计得到了充分发展,形成了基于非结构网格的伴随优化[22-23]、黏性非定常流的伴随优化[24]、基于伴随方法的气动稳健性优化设计[25-26]、并行伴随策略的气动优化[27]、伴随壁面函数[28]和伴随-响应面方法[29]等优化设计方法。然而,基于梯度优化算法往往依赖于初始点的选择,且易于陷入局部最优,不利于寻找全局最优解。

为了提高气动外形优化设计效果,非梯度的启发式优化方法[30]被用于气动外形优化设计,如遗传算法[31-32]、粒子群算法[33]、差分进化算法[34]和模拟退火算法[35]等等。虽然这些启发式算法具备全局搜索特性,但均需要大量的 CFD 气动评估才可能搜索到全局最优值。而当前 CFD 方法在求解雷诺平均 Navier - Stokes(N - S)方程、脱体涡模拟及大涡模拟等时,单次仿真的计算已相当耗时。可想而知,如果采用上述启发式算法直接调用 CFD 进行气动外形设计,其计算花费将非常大,甚至难以接受。为了权衡气动外形优化设计的优化效率与效果,结合启发式算法和梯度算法的混合优化算法被用于优化设计[36-38]。文献[36]通过混合梯度算法与模拟退火算法,能够避免陷入局部最优,达到提高优化效率的目的。

基于模型援助的进化算法(metamodeling-assisted evolutionary algorithms)可归属在直接优化方法中,其主要思路是根据进化算法的种群信息建立近似的局部代理模型,对种群中的个体进行评估及排序,以快速剔除不需要的种群个体,从而大幅提高遗传算法和粒子群算法等全局算法的寻优效率。Giannakoglou 等人[39]在遗传算法中建立局部代理模型并用于预测种群个体,通过排序选择少部分符合要求的个体进行 CFD 气动评估并存于数据库中,然后结合真实的函数值及模型预测值进行遗传操作。文献[40-41]提出了不精确预估方法(Imprecise Predict Estimation,IPE)来降低遗传算法的工作时间,其依据是进化算法寻优过程中大量个体经函数评估后会被淘汰,对这些要被淘汰的个体可以不用检验其评估的精度。因此,可以在构建近似模型来评估种群样本后,再根据模型评估值进行选择比较,主体仅对需要少量优胜的样本进行 CFD 气动评估,以提高进化算法的优化效率及效果。Praveen 等人[42]提出基于局部径向基(Radial Basis Function,RBF)神经网络模型援助的粒子群优化算法(Particle Swarm Optimization,PSO),通过建立近似局部径向基神经网络模型对种群个体进行气动评估,保留优胜个体,以提高 PSO 在气动外形优化设计中的效率。Pehlivanoglu 等人[43]通过使用全局模型来提高种群全局多样性,同时局部模型控制局部种群多样性,提高遗传算法的收敛效率,并将这种基于模型的遗传算法用于气动外形设计中。邓凯文等人[44]提出了基于 RBF 和差分进化的混合算法,结合了差分进化算法的全局优化能力及 RBF 的局部寻优能力,提高了差分进化算法的效率及效果,并将该混合算法应用于翼型优化问题及二维超声速喷管膨胀面优化问题。

1.3.3　基于代理模型的优化方法

代理模型,通常是指在气动外形优化过程中可替代 CFD 仿真的模型,具有计算量小且计算结果相近似的特点,也可称为响应面模型或近似模型。基于代理模型的优化方法(Surrogate Based Optimization,SBO)是将代理模型技术与优化算法相结合,即在设计空间内通过实验设计方法(Design of Experiments,DoE)建立与 CFD 仿真等效的近似代理模型,然后通过全局优化算法调用该近似代理模型进行气动外形优化设计。它可以大幅度提高全局优化的优化效率,其优化方式包含三个主要要素:①近似代理模型;② 抽样方法;③优化算法。

在选取所要建立的模型类型(多项式、高斯型函数等)后,还需要选择合适的抽样方法对模型进行学习和训练。抽样方法可以分为离线抽样和在线自适应抽样。通过离线抽样,构建一个全局的近似代理模型;通过在线抽样训练的方式,建立初始代理模型并在优化过程中根据优化数据对模型进行更新。

对于离线抽样所构建的近似模型,模型的精度对优化的结果至关重要,优化设计的效果很大程度上依赖于所构建的代理模型精度。虽然可以通过增加训练样本量来提高模型的精度,但是,要使得模型在整个设计空间上都满足较高的精度要求往往是非常困难的,也难以保证最终的优化效果。为了提高全局模型精度,研究者提出了一些改进方法。段焰辉等人[56]提出了一种基于代理模型的两步优化方法,用于翼型在黏性流场中的气动外形优化设计,该方法首先以本征正交分解(Proper Orthogonal Decomposition,POD)方法获取气动特性的代理模型,采用遗传算法得到全局最优解的大致范围,然后使用最速下降法调用 CFD 仿真,改善第一步优化结果的精度。Vavalle 等人[57]采用迭代策略逐步缩小构建代理模型的设计空间,以保证所建立气动代理模型的精度,进而用于气动外形优化设计,以弥补大设计空间内建立代理模型精度不足的缺点。Glaz 等人[58]在建模过程中采用多个代理模型来弥补单个代理模型的精度不足。Chen 等人[59]发展了多级代理模型方法来解决优化问题。

在线构建代理模型的思路是在初始代理模型的基础上,依据迭代过程中的优化数据进行代理模型的自适应更新。随着代理模型技术的发展,这种基于历史优化数据驱动的自适应代理模型技术在气动外形优化设计中得到充分的关注和发展。自适应地构建代理模型不需要模型在整个设计空间具有较高精度,只需在重要的区域,特别是最优解附近,具有高的近似精度即可,这样在保证模型精度的同时也可以减少构建模型的样本点数[60]。

基于自适应代理模型的优化流程可分为三步:①在设计空间内通过抽样获取一定数量的样本点,调用 CFD 仿真工具获取准确响应值,构建初始代理模型。②采用优化算法调用代理模型进行寻优,获取该初始模型所对应的最优设计点。③选择合适的加点准则,在最优设计点处附件进行加点,并添加到数据库中,不断更新代理模型,直到优化收敛到局部或全局最优解。其中优化加点的准则对自适应代理模型算法的优化效果有很大的影响。韩忠华[61]介绍了 Kriging 模型及代理优化算法的研究进展,并详尽研究和探讨了不同加点准则(如最小化准则、EI 准则、PI 准则、MSE 准则和 LCB 准则等)对气动外形优化设计结果的影响。Mackman 等人[62]比较了两种不同的自适应加点方法对气动设计建模精度的影响。Liu 等人[63]发展了一种并行的加点准则以提高气动外形优化设计的效率及效果。文献[64]总结了构建代理模型的自适应采样方法,并详细阐述了自适应采样应遵守的原则。

为了进一步提高基于代理模型优化方法在气动优化设计中的效率,基于变可信度模型的优化方法(Variable Fidelity Model,VFM)得到了发展。变可信度模型的思路是使用低阶或低可信度的物理模型(如简化的物理模型、粗网格模型或者宽松收敛标准的流场求解器等)来构建代理模型,其关键核心技术是实现低可信度模型与高精度模型之间的关联[65]。这些关联技术包括空间变换(SM)[66]、保形响应预测(SPRP)[67-68]、自适应响应校正(ARC)[69]和分层 Kriging[70]等。为了更进一步提高变可信度模型优化方法的精度及效率,研究者还发展了一些改进 VFM 方法。Han 等人[71]发展了梯度增强的 Kriging 与混合桥函数相结合的 VFM 方法,Yamazaki 等人[72]发展了基于梯度的 VFM 方法。

经过 40 多年的发展,基于梯度的直接优化方法和基于代理模型的优化方法已经成功地应用于气动外形优化设计。随着航空科技的发展,气动外形优化设计所面临问题的复杂性逐步提高,出现一些新的复杂问题尚待解决。本书着重研究气动外形优化设计所面临的不确定性问题及高维设计问题。

飞行器在设计和使用过程中,面临着飞机本身参数和使用环境等诸多不确定性因素,使得飞机性能出现波动,这将严重影响飞机的气动性能和飞行安全性。因此,面临着如何定量地描述及分析不确定性对气动特性的影响,如何设计高效的基于不确定性的气动优化流程等问题。

随着所涉及的问题越来越复杂,气动优化设计面临着大规模的设计参数。气动特性本身具有多峰、非线性特征,因此气动外形优化设计是一个高维、多峰值的优化问题。现有的基于梯度的直接优化方法,很容易陷入局部极值,而基于代理模型的优化方法会出现模型精度难以保证、寻优难度大幅增加、计算量出现"维数灾难"等问题,这就需要导入能够有效处理这种高维气动优化设计问题的新方法、新途径。

1.4 气动外形优化设计所面临的不确定性问题

传统的气动外形优化设计属于确定性优化范畴,在设计过程中没有考虑不确定性因素,可能会导致确定性的优化设计结果对不确定性因素非常敏感。Huyse 等人[73]在翼型优化中考虑马赫数的随机不确定性,并与单状态点和多状态点确定性优化进行对比,说明了考虑不确定性的必要性。美国航空航天局(National Aeronautics and Space Administration,NASA)兰利研究中心的多学科优化部门于 2001 年开始认真考虑各种不确定性条件下飞机总体和气动外形优化问题,并试探性地将基于不确定性的优化应用于跨声速翼型设计,将马赫数看成随机变量,研究结果表明,考虑了不确定性的优化所获得的翼型虽然在某马赫数时的升阻比不如确定性优化结果,但是在整个速度范围内,其升阻比要比确定性优化结果好得多[74-75]。NASA 于 2002 年对航空航天领域考虑不确定性的多学科优化的难点以及未来的研究工作进行了规划[76],降低设计结果对不确定性的敏感程度,以及基于不确定性的气动外形优化设计非常值得研究。下面,将分别从气动特性的不确定性分析及基于不确定性的气动稳健性优化设计两个方面分别阐述当前关于不确定性问题的研究现状。

1.4.1 气动特性的不确定性分析

气动特性不确定性分析的目的在于定量评估不确定性对气动特性的影响。随着计算机技术的发展,CFD 数值模拟技术成为气动特性评估的主要技术手段,并在解决流体力学问题中得到了广泛的应用。近十几年来,CFD 中的不确定性得到了极大的关注。Pelletier 等人[77]和 Luckring 等人[78]对 CFD 模拟中的不确定性来源以及分类做了详细的描述。Walters 等人[74]对 CFD 模拟中不确定性分析方法进行了总结,包括灵敏度方法、矩方法、蒙特卡洛方法以及混沌多项式方法等。灵敏度方法和矩方法适合解决参数不确定性小,且模型近似为线性的问题。蒙特卡洛方法是一种统计方法,需要抽取大量的样本才能准确进行不确定性分析,但其优点是其计算量和不确定性维数无关。混沌多项式(Porynomial Chaos,PC)方法在流体力学不确定性分析中的应用比较广泛,其主要思想是用含有独立随机变量的正交多项式混沌之和表示随机过程。根据求解方式的不同,混沌多项式方法可分成嵌入式和非嵌入式两种。嵌入式混沌多项式方法,即直接采用混沌多项式来表述系统变量,将随机变量嵌入到系统内部进行直接求解,嵌入式方法需要对 CFD 求解程序进行修改。Mathelin 等人[79]采用嵌入式混沌多项式方法研究了准一维管道流动不确定性传递问题。Xiu 等人[80]采用嵌入式混沌多项式方法进行不可压流动的不确定性分析,并将原始的混沌多项式方法扩展到一般混沌多项式方法。如果流场求解程序是很复杂的 N - S 方程,修改程序将变得十分困难且求解工作量大。为了克服嵌入式混沌多项式的缺点,发展了非嵌入式混沌多项式方法,将系统看作一个黑箱模型,通过一定方法求解未知系数,即构建 CFD 仿真的近似替代模型。非嵌入式方法的好处是无需对 CFD 程序进行更改,这为气动特性不确定性分析提供了便捷,因此非嵌入式混沌多项式在气动特性的不确定性分析中得到了广泛应用。Knio 等人[81]和 Najm[82]总结了混沌多项式方法在流体力学中的不确定性分析及应用,概括了该方法由嵌入式逐渐发展成非嵌入式的演变过程,并阐述了混沌多项式方法进行不确定性分析所遭遇的难题及挑战,即对于高维问题,混沌多项式方法的计算花费时间仍然太长。Loeven 等人[83]采用非嵌入式混沌多项式及商业流场求解软件进行了基于自由来流速度不确定性的亚声速气动特性不确定性分析研究。Simon 等人[84]和 Chassaing 等人[85]采用非嵌入式混沌多项式方法进行了考虑马赫数和攻角不确定性的翼型气动载荷分布的不确定性分析,发现操纵条件不确定性对激波和激波后的边界层分离有很大影响。Hosder 等人[86]发展了一种基于回归分析的混沌多项式方法并进行考虑飞行条件不确定性的气动特性不确定性分析研究。Liu 等人[87]进行了考虑风速不确定性的3D 风力机叶片的气动特性不确定性分析。在气动特性的全局灵敏度分析方面,Simon 等人[84]进行了翼型表面气动载荷分布的 Sobol 降维分析,邬晓敬等人[88]采用非嵌入式混沌多项式方法进行了考虑飞行条件不确定性的跨声速气动特性不确定性及全局灵敏度分析。

目前,大多数研究仅考虑飞行条件的不确定性对气动特性的影响,鲜有气动特性的不确定性分析研究涉及几何外形不确定性,而几何外形不确定性是无法避免的。因此,考虑几何外形不确定性的气动特性分析是值得研究的方向,其困难之处在于:几何外形不确定性的描述需要大量的参数,这势必会造成不确定性分析的计算量急剧增加,这也是考虑几何外形不确定性的气动特性分析的研究与发展远远滞后于基于飞行条件不确定性的气动特性分析的原因。此外,在跨声速区域,由于流场高度非线性,这些不确定性因素会对气动性能产生较大的影响。

1.4.2　气动稳健性优化设计

基于不确定性的优化设计包括稳健性优化设计(Robust Design Optimization,RDO)及可靠性优化设计(Reliability Based Design Optimization,RBDO)[89]。图 1-2 给出了稳健性优化设计及可靠性优化设计的适用情况。如果不确定性发生的频率较高且不会造成系统的破坏,那么人们趋向设计的系统对不确定性不敏感,这就是 RDO 研究范畴;如果不确定性发生的频率低且会造成系统失效或破坏,那么设计是需要避免这种情况的,这属于 RBDO 研究范畴。飞行器在飞行时所面临的飞行条件不确定性,并不会造成飞行器的失效或者破坏,因此,基于不确定性的气动外形优化设计可以归属为稳健性优化设计范畴。从优化的效果上看,稳健性优化设计与可靠性优化设计的区别在于:稳健性优化设计的目的是使设计结果对不确定性不敏感,而基于可靠性优化设计则保证其正常工作的概率不低于所要求的水平。图 1-3 展示了确定性优化、稳健性优化及可靠性优化的最优解间的差别。

稳健性设计目的是减小不确定性参数的扰动所引发的目标波动。稳健性设计最早研究始于第二次世界大战后,日本 Taguchi 博士最先将稳健性概念引入产品设计中,提出了质量损失函数的概念。20 世纪 70—80 年代,Taguchi 博士将其理论进一步完善,创立了三次设计方法,奠定了稳健设计理论的基础[90]。随后,其他研究者在此基础上进行了深入研究,以经验/半经验为基础或者以工程模型为基础,将设计变量的变化看作区间,输出性能的变化也看作一个区间,没有考虑到这些变量的真实分布情况,并且这些方法无法解决有约束的问题,不能保证设计产品的可行性要求。优化方法与稳健性相结合的稳健性优化设计可以很好地弥补传统稳健性设计的上述缺陷。

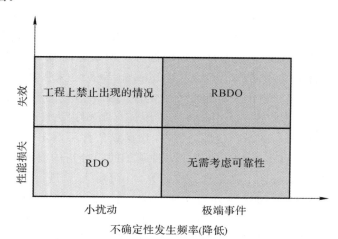

图 1-2　稳健性优化及可靠性优化的适用情况[89]

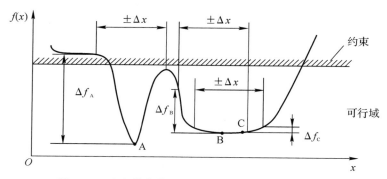

图 1-3　确定性优化、稳健性优化及可靠性优化区别

A—确定优化解；　B—可靠性优化解；　C—稳健性优化解

　　稳健性优化设计的目的是在寻求目标函数 $f(x)$ 最优的同时，减小目标函数及约束函数对不确定性因素的敏感程度。与传统的确定性优化问题相比，稳健性优化的一个显著特点是需要在每一步优化迭代时都要进行不确定性分析[91-92]。因此，与确定性优化相比较，稳健性优化的效率更低，特别是对于气动稳健性优化设计。由于在优化和不确定性分析过程中均需要调用 CFD 模拟进行气动特性分析，气动稳健性优化的计算花费时间往往是不可接受的。

　　为了使气动稳健性优化设计的计算花费时间在可接受的范围，大部分研究采用收敛速度更快的梯度优化算法进行气动稳健性优化设计。Huyse 等人[93]采用伴随算法进行了考虑马赫数不确定性的稳健性优化设计。Tang 等人[94]将基于伴随和博弈策略的多目标优化算法引入减阻的气动稳健性设计中。Dimitrios 等人[95]采用基于伴随算法的优化方法进行了考虑阻力稳健性及升力可靠性的气动外形优化设计研究。Padulo 等人[96]等从不确定性传播的角度，分析了几种不确定性分析方法的优缺点，提出一种高效的不确定性分析方法，并进行了基于梯度算法的稳健性优化设计。Schillings 等人[97]提出了一种结合不确定性分析和 one - shot 优化算法的自适应稳健性优化设计方法，通过翼型的气动稳健性设计验证了该方法的可靠性及效率,并考察了不同的稳健性指标对设计结果的影响。然而,梯度算法虽然具有较高的收敛效率,但其缺点是容易陷入局部最优。相比于梯度算法,智能优化算法是全局寻优算法,能够找到全局最优解,但收敛效率较低。使用智能全局优化算法直接调用 CFD 模拟进行气动稳健性优化设计,其计算量往往是不能接受的。

此外,代理模型技术也被广泛地应用于进行气动稳健性优化设计[98]。郜晓敬等人[99]发展了基于多项式响应面的翼型稳健性优化设计方法。Harshee 等人[100]进行了考虑混合不确定性的翼型气动特性的稳健性设计。Zhao 等人[101]进行了基于多目标进化算法的超临界翼型自然层流特性的稳健性优化设计研究。Fusi 等人[102]发展了一种基于多精度方法的稳健性优化技术,采用遗传算法和非嵌入式混沌多项式方法实现直升机旋翼翼型升阻比均值最大且方差最小的稳健性优化设计。Lucor 等人[103]提出了一种结合混沌多项式代理模型和优化算法的随机优化框架,能够快速地获得最优设计点。但是,这些稳健性优化采用的是单一的代理模型策略,其缺点是代理模型的近似精度不足会导致优化设计无法收敛到真实最优解。因此,需要发展效率更高且优化效果更好的气动稳健性优化设计方法。

1.5　气动外形优化设计中的高维问题

为了在设计空间内描述更多的潜在气动外形,气动外形优化设计所涉及的设计变量的维数越来越高,这会大大增加陷入局部最优的可能性[104]。此外,Chernukhin 等人[105]指出,气动形状优化设计是一个具有多模态、多峰值特征的优化问题,从而使得气动外形优化设计的难度和计算花费大大增加。

当前,由于伴随算法求解梯度信息所需计算量与维数无关,所以,高维的气动外形优化设计最常用方法是基于伴随算法的梯度优化方法。Lyu 等人[106-107]采用基于伴随的梯度算法进行包含 720 个设计变量的 CRM 机翼及包含 273 个设计变量的翼身融合体的气动外形优化设计。Leung 等人[2]采用基于伴随的梯度算法进行包含 225 个设计变量的 M6 机翼的气动外形设计。然而,这种基于梯度的搜索方法容易陷入局部最优,优化结果往往依赖于初始点的选择,显然不足以应对高维气动外形优化设计问题。

尽管基于代理模型的优化方法在气动外形优化设计中取得了巨大的进展,但是随着优化问题复杂程度的增加,设计变量维数及非线性程度增加,基于代理模型的优化方法的精度及效率都将大打折扣。基于代理模型的优化方法在解决高维问题时主要面临如下两个方面问题。

(1)无法建立高精度的高维代理模型。现有的代理模型技术仅对低维问题比较有效。随着维数的增加,构建的高维模型的精度无法保证,且其计算花费随着维数的增加呈指数增长,即"维数灾难"。

(2)高维优化问题的寻优难度增加。即使能够构建高精度的代理模型,高维问题势必会加大优化算法的寻优难度。高维优化问题往往是多峰值、多模态寻优问题,传统的梯度算法很难寻找到最优值,而进化算法(如差分进化算法、遗传算法等)往往需要根据具体的问题设置参数,才可能寻找到最优值。也就是说,现有优化算法的寻优能力明显不足以应对高维设计问题。

在气动外形优化设计中,通常是通过提高代理模型拟合能力或者发展新的样本加点方法等途径来提高优化效果。例如,文献[63]通过并行加点策略的代理模型解决了高维(48维)的气动外形优化设计问题。目前,针对高维的气动外形优化设计问题,解决途径还局限于采用伴随算法或者提升模型高维的近似能力等手段。通过代理模型参数、进化算法参数(如交叉因子、变异系数等)、加点方式的设置及调节,可以在一定程度上提高高维气动外形优化设计的效果,但是这种优化思路无法从根本上降低高维优化设计的难度。因此,需要发展新的技术途径及方法来解决高维气动外形优化问题。

高维的气动外形优化设计可归属于高维、昂贵、黑箱子(HEB)优化问题范畴。HEB 问题是近些年来亟须解决的优化难题。Shan 等人[108]调研了当前针对高维黑箱子问题的建模及优化策略,并提出变换(mapping)及分解(decomposition)是未来能够解决 HEB 问题的最有前景的两种途径。近年来,一种基于空间变换的本征正交分解(Proper Orthogonal Decomposition,POD)或主成分分析(Principal Component Analysis,PCA)方法应用于气动外形优化设计,通过 POD 方法实现设计变量个数的大幅降低,从而降低优化设计的难度。David 等人[109]采用代理模型技术和 POD 方法相结合的方法进行二次气动外形优化设计。采用代理模型获取一系列优化翼型,将这些优化翼型作为样本,通过 POD 分析获取降维的正交基函数,然后基于 POD 基函数再进行第二轮基于代理模型的气动优化。Berguin 等人[110]采用 PCA 实现参数空间降维,并应用于基于梯度的气动外形优化设计。基于模型分解的气动外形优化方法也可以降低高维优化难度,Han 等人[111]通过构建几个亚 Kriging 模型的叠加实现高维模型的建模,以达到高维气动外形优化设计的目的。目前,基于变换及分解思想的高维气动外形优化设计方法还处于初步研究阶段,仍需要完善现有方法以及发展新方法。

1.6 本书主要内容

下面对所要论述的内容做概括性介绍。本书主要分为以下三部分。

(1)对气动外形优化设计的基础内容进行详细介绍。具体的章节安排如下:第 2 章介绍气动特性的数值评估方法,第 3 章介绍气动外形参数化方法,第 4 章重点介绍气动外形优化设计的优化算法。

(2)开展考虑不确定性的气动特性分析及气动外形优化设计。第 5 章考虑气动外形优化设计中所存在的飞行条件及几何外形不确定性,进行气动特性的不确定性分析研究,包括不确定性的描述和分类、不确定性分析和全局灵敏度分析,并采用基于回归的混沌多项式方法进行了考虑几何外形的气动特性的不确定性及全局灵敏度分析,发展基于稀疏网格技术和 Galerkin 投影的混沌多项式的气动特性不确定性分析方法。第 6 章为了在气动设计中削弱不确定性对设计结果的影响,开展基于不确定性的气动稳健性优化设计方法研究,并发展高效的自适应的随机优化框架,以便高效地进行气动稳健性优化设计。

(3)针对高维设计问题开展气动外形优化设计。气动外形优化设计问题复杂性的提高和设计参数的大幅增加,导致当前的气动外形优化设计方法的优化效果降低。围绕着当前气动外形优化设计中所遇到的高维设计问题,开展针对高维气动问题的优化方法研究。第 7 章基于变换的思想,发展基于 POD 参数空间变换技术并进行气动外形优化设计。第 8 章基于分解的思想,发展基于高维模型表示的高维气动优化设计方法。

第 2 章　气动特性的数值评估方法

随着计算机水平的发展和高效并行计算方法的完善,CFD 手段在科学研究和工程应用中占据越来越重要的位置,应用也越来越广。CFD 数值模拟理论和实验研究并称为流体力学的三大主要研究方法。与理论和实验研究相比,CFD 数值模拟具有诸多优点,如成本低廉、参数设置自由和能获得更多的流动细节等。气动外形优化设计源于准确的空气动力特性评估,通常采用 CFD 数值模拟获取不同气动外形所对应的气动特性或气动特性的导数,进而通过与优化搜索算法相结合,获取满足约束条件并达到设计要求的最优外形。

2.1　CFD 方法概述

计算流体力学(CFD)方法是流体力学领域的重要研究方法。近 40 年来,计算机技术的迅速发展对 CFD 的发展起到了极大的促进作用。CFD 技术已广泛应用到航空、航天、船舶、气象、能源、化工、水利和医疗等领域,取得了举世瞩目的成就。在航空、航天领域,CFD 成为先进飞行器设计中不可或缺的重要工具,在很大的程度上弥补了理论和实验研究这两大传统方法的局限和不足,不断推动着航空航天技术更快、更深入的发展。

在美国的航空、航天领域,CFD 计算约占气动工作量的 50%。根据波音公司的预测,在未来的气动外形设计中,风洞试验的工作量将仅占 30%,而 CFD 将占气动设计工作量的 70%。CFD 技术可以很大程度上节省研制费用、缩短设计时间、提高设计水平,因此,未来飞行器的研制将更加依赖于"数值风洞",即 CFD 技术。

流体运动所遵循的规律是物理学三大守恒定律,即质量守恒定律、动量守恒定律和能量守恒定律。结合这三大定律并引入牛顿流体假设、连续介质假设和完全气体假设,对流体运动进行数学描述,就构成了流体力学的基本方程组——N-S 方程组,它反映了真实流体流动所满足的规律,具有极其广泛的适用性。目前,针对 N-S 方程的常用数值求解方法有直接数值模拟(DNS)方法、大涡模拟(LES)方法和雷诺平均 N-S 方程(RANS)方法。

DNS 方法是通过直接求解流体运动的 N-S 方程,从而得到流动的瞬时流场。但由于计算机条件的限制,目前 DNS 方法只能求解一些低雷诺数的简单流动,如平板边界层、完全发展的槽道流动以及后台阶流动等简单的流动外形,不能用于复杂的流动研究和工程实际应用。LES 方法是将 N-S 方程在一个小空间域内进行平均(或称之为滤波),进而从流场中去掉小尺度涡而筛选出大尺度涡所满足的方程,小涡对大涡的影响会体现在大涡方程中,再通过建立亚格子尺度模型来模拟小涡的影响。但 LES 方法受制于计算机条件,要解决复杂的流动问题和工程实际问题还有很远的距离。RANS 方法是目前解决流体力学问题采用的最主要方法,将流体满足动力学方程的瞬时运动分解为平均运动和脉动运动两部分,脉动部分对平均运动的贡献通过雷诺应力项来模拟,然后根据湍流的理论知识、实验数据和直接数值模拟结果,对雷诺应力做出各种假设,假设各种经验和半经验的本构关系,从而使湍流的平均雷诺方程封闭。

2.2 网格技术

高效、高质量的网格生成是流场数值求解的基础。计算流体力学中网格生成技术大致可以分为三类:结构网格生成技术、非结构网格生成技术和混合网格生成技术。发展最早的是结构网格生成技术,它具有网格生成速度快、网格质量较好和数据存储结构简单的优点,容易实现区域的边界拟合。对于比较简单的几何外形,结构网格生成技术已经成熟,然而用统一的结构化网格来处理复杂几何外形往往会遇到一些困难。非结构网格是 20 世纪 80 年代开始发展起来的新型网格技术,这种网格生成方法不再受网格连接的结构性和正交性限制,具有更大的灵活性,对复杂外形具有较好的适应性。但使用非结构网格进行并行计算要比结构网格复杂,在同等网格数量的情况下,计算机内存空间的分配和 CPU 时间开销相比结构网格要大很多。近年来,结构-非结构混合网格得到了快速发展,混合网格既能节省计算耗费的时间,又能提高复杂流动求解的准确性。

2.2.1 混合形式的非结构网格生成技术

非结构网格具有很大的灵活性,对复杂外形具有很好的适应性,其随机的数据存储结构使网格的疏密分布十分方便,有利于提高计算精度,因此在 CFD 仿真中得到了广泛的关注和应用。CFD 对流场进行模拟时,还需要考虑流动的黏性特性,需要在物面附近的黏性作用区生成大伸展比的四边形“黏性”网格,以捕捉边界层内的流动。而在边界层之外,布置比较稀疏的三角形网格以节省计算资源和减少计算时间。混合形式的非结构网格是解决这一问题的有效途径,一般包含两个过程,即附面层网格的生成和远场三角形网格的阵面推进生成。

1. 生成边界网格

依据边界条件的属性对边界网格进行标记,以区分不同的网格边界,并确定需要生成黏性网格的边界。

2. 在物面附近生成黏性网格

(1)计算物面网格节点的生长方向。理想的节点生长方向应该满足的条件为节点生长方向同其对应的节点所连的所有三角形单元的夹角都相等。

(2)节点推进位置的确定。根据上一步计算好的节点推进方向,利用推进层方法逐渐进行推进,并记录每个物面节点的推进高度和对应的新节点的推进位置。当推进层方法在某一节点停止时,该节点的推进位置就是其最终推进位置。

(3)黏性网格的生成。在获得节点推进位置以后,新节点与其对应的物面节点一起将组成一个四边形单元。将该四边形单元沿物面法向按一定的增长规律逐步剖分,就可以得到物面黏性网格。

3. 在其他流动区域生成三角形网格

在其他计算区域,用阵面推进法生成非结构三角形网格。阵面推进法的基本思想是:首先将待离散化区域的边界按需要的网格尺度分布和推进方向划分成各个小阵元及初始阵面。然后从某一阵元开始,在其面向流场的一侧插入新点或在现有阵面上找到一个合适点与该阵元连成三角形单元,同时也生成了新的阵元。接着将新阵元加入阵面中,并删除被掩盖的旧阵元,从而形成新的封闭阵面。以此方式逐步推进,直到最后的阵面中不存在阵元时,推进过程结束,远场三角形网格生成完毕。

2.2.2　网格变形技术

在气动弹性数值仿真、非定常流动数值模拟以及气动外形优化设计等方面的研究工作和工程实践中,经常需要使用动网格技术来实现求解域的运动或者对当前的计算网格根据具体的实际情况进行适当的变形,从而在保留当前网格结构的前提下,使计算网格能够准确反映物面边界的形状变化。相比于网格重构等方法,网格变形技术可以在不增加或减少网格节点并保持原网格拓扑结构条件下,按照某种规律驱动网格节点变形以适应物面边界变形。网格变形方法有多种,这里简要介绍两种常用的网格变形方法:弹簧法和 RBF 法[112]。

1. 弹簧法

弹簧法是一种基于物理模型的网格变形方法,最早由 Banita[113] 在研究绕振荡翼型的Euler 流动时提出。该方法将计算域内每条网格线都看作弹簧,整个网格则看成一个弹簧系统,如图 2-1 所示,物面边界引起的变形效应通过弹簧系统传递到整个计算域。弹簧的刚度系数仅由网格线的长度决定,因此也叫线性弹簧法或标准弹簧法。Farhat 等人[114] 和Blom[115] 对传统弹簧法进行了改进,在一定程度上提高了网格的变形能力。但是由于弹簧法本身的数据存储问题,需要网格节点间的连接关系,数据结构较烦琐,存储量大,计算效率较低,并且变形能力有限,所以弹簧法并不是一种很理想的网格变形方法。

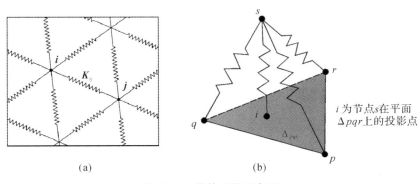

图 2-1　弹簧系统示意图

(a)二维网格;　(b)三维网格

2. RBF 法

近年来发展起来的 RBF 法,由于具有较大的网格变形能力和较高的变形效率而备受关注。Boer 等人[116]首次将 RBF 应用于网格变形技术,其基本原理是:运用 RBF 对结构边界节点的位移进行插值,然后利用构造出来的 RBF 序列将边界位移效应光滑地分散到整个计算网格区域。将该方法用于气动弹性分析程序中,较大地提升了程序的适应能力。RBF 网格变形方法主要有两个步骤,首先根据插值条件求解物面节点的权重系数方程,然后对计算域网格进行更新,其流程如图 2-2 所示。

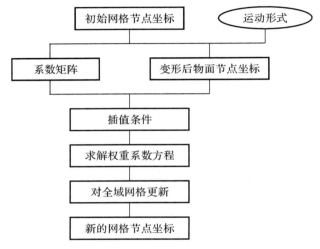

图 2-2　RBF 网格变形方法的基本流程

径向基函数(RBF)插值的基本形式为

$$s(\boldsymbol{r}) = \sum_{i=1}^{N_b} \gamma_i \varphi(\|\boldsymbol{r} - \boldsymbol{r}_{bi}\|) \qquad (2-1)$$

式中,$\varphi(\|\boldsymbol{r} - \boldsymbol{r}_{bi}\|)$ 是 RBF 的通用形式,$\boldsymbol{r}_{bi}$ 是插值基底的位置,是与运动直接相关的物面节点的坐标;γ_i 是第 i 个插值基底的插值权重系数;N_b 表示插值基底的个数,即物面节点数。

为了方便描述 RBF 插值过程,下面用矩阵形式叙述,对于二维问题,只有 X 和 Y 两个方向的坐标。RBF 插值条件如下:

$$\left. \begin{array}{c} \boldsymbol{M}\boldsymbol{\gamma}_x = \Delta \boldsymbol{x}_s \\ \boldsymbol{M}\boldsymbol{\gamma}_y = \Delta \boldsymbol{y}_s \end{array} \right\} \qquad (2-2)$$

式中,$\boldsymbol{\gamma}_x = (\gamma_1^x \quad \cdots \quad \gamma_{N_b}^x)^{\mathrm{T}}$ 表示 X 方向上 N_b 个物面节点待定的插值权重系数,下标 s 表示物面;$\Delta \boldsymbol{x}_s = (\Delta x_{s1} \quad \cdots \quad \Delta x_{sN_b})^{\mathrm{T}}$ 表示 N_b 个物面节点在 X 方向上的位移分量,Y 方向与之类似。系数矩阵

$$\boldsymbol{M} = \begin{bmatrix} \varphi_{S_1 S_2} & \cdots & \varphi_{S_1 S_i} & \cdots & \varphi_{S_1 S_{N_b}} \\ \vdots & & \vdots & & \vdots \\ \varphi_{S_j S_1} & \cdots & \varphi_{S_j S_i} & \cdots & \varphi_{S_j S_{N_b}} \\ \vdots & & \vdots & & \vdots \\ \varphi_{S_{N_b} S_1} & \cdots & \varphi_{S_{N_b} S_i} & \cdots & \varphi_{S_{N_b} S_{N_b}} \end{bmatrix} \qquad (2-3)$$

式中,$\varphi_{S_j S_i} = \varphi(\zeta_{ji}) = \varphi(\|r_j - r_i\|)$ 表示物面第 j 个节点和第 i 个节点的基函数值。网格点的更新只需将计算域内的网格点坐标代入 RBF 插值函数即可。用矩阵形式表示为

$$\left.\begin{aligned}\Delta \boldsymbol{x}_{\mathrm{v}} &= \boldsymbol{A}\boldsymbol{\gamma}_x = \boldsymbol{A}\boldsymbol{M}^{-1}\Delta \boldsymbol{x}_{\mathrm{s}}\\\Delta \boldsymbol{y}_{\mathrm{v}} &= \boldsymbol{A}\boldsymbol{\gamma}_y = \boldsymbol{A}\boldsymbol{M}^{-1}\Delta \boldsymbol{y}_{\mathrm{s}}\end{aligned}\right\}\tag{2-4}$$

$$\boldsymbol{A}=\begin{bmatrix}\varphi_{\mathrm{v}_1 s_1} & \cdots & \varphi_{\mathrm{v}_1 s_i} & \cdots & \varphi_{\mathrm{v}_1 s_{N_b}}\\ \vdots & & \vdots & & \vdots\\ \varphi_{\mathrm{v}_j s_1} & \cdots & \varphi_{\mathrm{v}_j s_i} & \cdots & \varphi_{\mathrm{v}_j s_{N_b}}\\ \vdots & & \vdots & & \vdots\\ \varphi_{\mathrm{v}_{N_v} s_1} & \cdots & \varphi_{\mathrm{v}_{N_v} s_i} & \cdots & \varphi_{\mathrm{v}_{N_v} s_{N_b}}\end{bmatrix}\tag{2-5}$$

式中,下标 $\mathrm{v}_j(j=1,2,\cdots,N_v)$ 表示体网格;N_v 表示体网格节点数目。

在 RBF 方法中,权重系数方程是对称正定的,对于二维问题阶数较低,采用 Gauss - Jordan 消去法求解。插值基函数选用最适合网格变形的紧支型 Wendland's C² 函数[116],该函数可以通过设置作用半径,使作用半径之外的函数值强制为零,具体形式为

$$\varphi(\zeta)=\begin{cases}(1-\zeta)^4(4\zeta+1), & \zeta < 1\\ 0, & \zeta \geqslant 1\end{cases}\tag{2-6}$$

式中,$\zeta = \| \boldsymbol{r} - \boldsymbol{r}_i \| / R$,$R$ 为作用半径,一般取 10 倍弦长。

总的来说,RBF 方法插值过程仅需要网格节点坐标,而无需节点间连接信息,所以数据结构简单,并且可以从二维直接推广到三维。RBF 方法的计算量主要由物面节点数决定,并且采用直接法求解权重系数方程可以避免迭代法在大变形下的低效率,RBF 方法的网格变形效率和变形后网格的质量明显高于弹簧法。

2.3　CFD 原理及介绍

2.3.1　控制方程与格心有限体积法

以二维非定常 N-S 方程为例,在直角坐标系中,以平均气动弦长、无穷远来流密度、来流声速、来流温度进行无量纲化后的积分守恒形式为

$$\frac{\partial}{\partial t}\iint_{\Omega}Q\mathrm{d}\Omega + \oint_{\partial\Omega}F(Q)n\mathrm{d}\Gamma = \oint_{\partial\Omega}G(Q)n\mathrm{d}\Gamma\tag{2-7}$$

式中,Ω 为控制体;$\partial\Omega$ 为控制体单元边界;$n=(n_x,n_y)^{\mathrm{T}}$ 表示控制体单元边界外法线矢量;Q 为守恒变量;$F(Q)=[F_x(Q),F_y(Q)]$ 为无粘通量;$G(Q)=[G_x(Q),G_y(Q)]$ 为黏性通量,具体表达式如下:

$$Q=\begin{bmatrix}\rho\\ \rho u\\ \rho v\\ E\end{bmatrix},\quad F_x(Q)=\begin{bmatrix}\rho u\\ \rho u^2+p\\ \rho uv\\ u(E+p)\end{bmatrix},\quad F_y(Q)=\begin{bmatrix}\rho v\\ \rho uv\\ \rho v^2+p\\ v(E+p)\end{bmatrix}$$

$$G_x(Q) = \mu \begin{bmatrix} 0 \\ 2u_x - \dfrac{2}{3}(u_x + v_y) \\ v_x + u_y \\ u(2u_x - \dfrac{2}{3}(u_x + v_y)) + v(v_x + u_y) + \dfrac{T_x}{(\gamma - 1)Pr} \end{bmatrix}$$

$$G_y(Q) = \mu \begin{bmatrix} 0 \\ v_x + u_y \\ 2v_y - \dfrac{2}{3}(u_x + v_y) \\ u(v_x + u_y) + v\left[2v_y - \dfrac{2}{3}(u_x + v_y)\right] + \dfrac{T_y}{(\gamma - 1)Pr} \end{bmatrix}$$

其中,ρ 表示密度;u 和 v 分别表示速度在 X 和 Y 方向上的分量;p 表示压强;E 表示总能;μ 表示黏性系数;T 表示温度;Pr 表示 Prandtl 数;γ 为气体比热比,对于理想气体 $\gamma = 1.4$。根据 Sutherland 公式,黏性系数 μ 可表示为

$$\mu = \mu_\infty \frac{T + S_0}{T_\infty + S_0} \left(\frac{T}{T_\infty}\right)^{\frac{3}{2}} \tag{2-8}$$

式中,μ_∞ 和 T_∞ 表示无穷远来流的黏性系数和温度;$S_0 = 110\ \text{K}$,理想气体状态方程为

$$p = (\gamma - 1)\left[E - \frac{\rho}{2}(u^2 + v^2)\right] \tag{2-9}$$

格心有限体积法的基本思想就是将积分形式的流场控制方程应用到计算域的控制体单元上,即空间离散化,然后通过流场重构计算网格交界面高斯积分点上的物理参数,根据网格交界面上的值计算数值通量,将积分形式的方程转化为以控制体单元平均值为未知量的常微分方程进行时间推进求解。

流动控制方程的半离散形式为

$$\frac{\mathrm{d}\overline{Q_i}}{\mathrm{d}t} = -\frac{1}{|\Omega_i|} \sum_{m=1}^{N(i)} \sum_{j=1}^{q} |\Gamma_{i,m}| \omega_j \{F[Q(x_j, y_j)] - G[Q(x_j, y_j)]\} n_{i,m} \tag{2-10}$$

式中,Ω_i 为控制体单元 i 的体积;$N(i)$ 为控制体单元面总数;$\Gamma_{i,m}$ 表示网格交界面面积;q 和 ω_j 表示网格交界面高斯积分点个数及权重系数;$n_{i,m}$ 表示网格单元 i 和邻居单元 m 公共面的外法线矢量;$\overline{Q_i}$ 表示控制体单元守恒变量平均值:

$$\overline{Q_i} = \frac{1}{|\Omega_i|} \int_{\Omega_i} Q(x, y)\mathrm{d}\Omega \tag{2-11}$$

式(2-10)的右端通量项的求解,在离散的计算域内,可以通过 Godunov 方法,即在网格交界面求解 Riemann 问题得到流出每个网格控制体的通量,对于二阶数值精度格式,取每个边的中点作为高斯积分点;对于不超过四阶的数值格式,每个边取两个高斯积分点进行计算。计算出网格交界面通量后,式(2-10)就转化为关于时间的一阶常微分方程组,可以用时间推进方法进行求解。

2.3.2 空间离散

通量计算格式可以分为两大类:中心格式和迎风格式。Jameson 在 1981 年首次提出中心

型有限体积格式,方法简单实用,易于编程,数值计算稳定性好,在二阶精度格式中,至今仍有广泛的应用,但需要加入二阶和四阶人工黏性来抑制间断区域的数值振荡以及奇偶失联。由于显式格式增加了数值黏性,所以,对于黏性问题的求解会导致一定的误差。迎风格式体现了方程在波动和流量等传播方向上的物理特性,不显含人工黏性,计算精度和效率高,成为 CFD 数值计算领域应用范围最广的方法,主要可以分为通量差分分裂(Flux Difference Splitting,FDS)方法和矢通量分裂(Flux Vector Splitting,FVS)方法,其中应用较为广泛的有 Steger Warming 格式[117]、Van Leer 格式[118]、Roe 格式[119]以及 AUSM 系列格式[120-121]等。

1. Jameson 中心格式

Jameson 中心格式的主要思想是,单元面心处的流场变量可以通过单元表面 $S_{i,m}$ 两侧网格单元格心处的解向量 Q_i 和 Q_m 进行插值得到,即

$$S_{i,m} = \frac{Q_i + Q_m}{2} \tag{2-12}$$

式(2-12)中的中心格式只有在相邻的两个网格格心连线的中点经过面 $S_{i,m}$ 面心时才具有二阶精度。而对于复杂外形的网格,在网格拉伸或扭曲较大的地方,式(2-12)的插值精度就会大大降低。

由于中心格式本身不存在数值耗散,使用中心格式时在间断处会出现非物理的波动,而在流动光滑区会产生奇偶失联,所以为克服以上缺点,常在控制方程中引入人工黏性。目前最具代表性的是 Jameson 提出的二阶和四阶混合形式的人工黏性取定方法,其人工黏性表达如下:

$$D_i = D_i^2 + D_i^4 = \sum_{m \in N(i)} \alpha_{i,m} \left[\varepsilon_{i,m}^2 (Q_m - Q_i) - \varepsilon_{i,m}^4 (\nabla^2 Q_m - \nabla^2 Q_i) \right] \tag{2-13}$$

其中,D_i^2 和 D_i^4 为二阶和四阶人工黏性通量;$\varepsilon_{i,m}^2$ 和 $\varepsilon_{i,m}^4$ 为自适应开关系数;$\alpha_{i,m}$ 为尺度因子。二阶和四阶人工黏性的比例分配由 $\varepsilon_{i,m}^2$、$\varepsilon_{i,m}^4$ 和 $\alpha_{i,m}$ 共同决定。自适应开关系数 $\varepsilon_{i,m}^2$ 和 $\varepsilon_{i,m}^4$ 由下式表示:

$$\varepsilon_{i,m}^2 = k^2 v_{i,m}, \quad \varepsilon_{i,m}^4 = \max(0, k^4 - \varepsilon_{i,m}^2) \tag{2-14}$$

式中,k^2 和 k^4 为经验常数,其取值范围为 $1/2 < k^2 < 1, 1/256 < k^4 < 1/32$;$v_{i,m}$ 为激波感受因子,$v_{i,m} = |(P_i - P_m)/(P_i + P_m)|$;尺度因子 $\alpha_{i,m}$ 可由下式计算:

$$\alpha_{i,m} = |uS_x + vS_y + wS_z| + c_{i,m} \sqrt{S_x^2 + S_y^2 + S_z^2} \tag{2-15}$$

式中,S_x、S_y、S_z 为公共面 $S_{i,m}$ 在 X、Y、Z 方向上的投影面积;u、v、w 为该面上的速度分量;$c_{i,m}$ 为当地声速。

最终,添加了人工黏性的 N-S 方程为

$$\frac{dQ_i}{dt} = -\frac{1}{v_i}(R_i - R_i^v + D_i) \tag{2-16}$$

2. Roe 格式

Roe 格式属于通量差分分裂方法,是基于求解 Riemann 间断问题发展而来,由于其优秀的间断分辨率,数值耗散小,且无需调节的自由参数,所以成为目前应用最广、评价最高的 CFD 格式之一。用 Roe 格式表达的网格交界面的无粘通量可以表示为

$$F_{i,m} = \frac{1}{2} \left[F(Q_L) + F(Q_R) - |\tilde{A}|(Q_R - Q_L) \right] \tag{2-17}$$

式中,下标 L 和 R 分别代表流场重构出来的网格交界面左、右两侧的值,$|\tilde{A}|(Q_R - Q_L)$ 的具体

表达形式为

$$|\widetilde{\boldsymbol{A}}|(Q_R - Q_L) = |\Delta\widetilde{F}_1| + |\Delta\widetilde{F}_2| + |\Delta\widetilde{F}_3| \qquad (2-18)$$

$$|\Delta\widetilde{F}_1| = |\widetilde{U}|\left[\left(\Delta\rho - \frac{\Delta p}{\widetilde{a}^2}\right)\begin{bmatrix} 1 \\ \widetilde{u} \\ \widetilde{v} \\ \widetilde{w} \\ \dfrac{\widetilde{u}^2 + \widetilde{v}^2 + \widetilde{w}^2}{2} \end{bmatrix} + \widetilde{\rho}\begin{bmatrix} 0 \\ \Delta u \hat{n}_x \Delta U \\ \Delta v \hat{n}_y \Delta U \\ \Delta w \hat{n}_z \Delta U \\ \widetilde{u}\Delta u + \widetilde{v}\Delta v + \widetilde{w}\Delta w - \widetilde{U}\Delta U \end{bmatrix}\right]$$

$$|\Delta\widetilde{F}_2| = |\widetilde{U} - \widetilde{a}|\left(\frac{\Delta p - \widetilde{\rho}\widetilde{a}\Delta U}{2\widetilde{a}^2}\right)\begin{bmatrix} 1 \\ \widetilde{u}\hat{n}_x\widetilde{a} \\ \widetilde{v}\hat{n}_y\widetilde{a} \\ \widetilde{w}\hat{n}_z\widetilde{a} \\ \widetilde{h} - \widetilde{U}\widetilde{a} \end{bmatrix}$$

$$|\Delta\widetilde{F}_3| = |\widetilde{U} + \widetilde{a}|\left(\frac{\Delta p + \widetilde{\rho}\widetilde{a}\Delta U}{2\widetilde{a}^2}\right)\begin{bmatrix} 1 \\ \widetilde{u} + \hat{n}_x\widetilde{a} \\ \widetilde{v} + \hat{n}_y\widetilde{a} \\ \widetilde{w} + \hat{n}_z\widetilde{a} \\ \widetilde{h} + \widetilde{U}\widetilde{a} \end{bmatrix}$$

其中，$\widetilde{U} = \widetilde{u}\hat{n}_x + \widetilde{v}\hat{n}_y + \widetilde{w}\hat{n}_z$，$\Delta U = \Delta\widetilde{u}\hat{n}_x + \Delta\widetilde{v}\hat{n}_y + \Delta\widetilde{w}\hat{n}_z$，上标"～"表示 Roe 平均，具体定义为

$$\widetilde{\rho} = \sqrt{\rho_L\rho_R}$$
$$\widetilde{u} = (u_L + u_R\sqrt{\rho_R/\rho_L})/(1 + \sqrt{\rho_R/\rho_L})$$
$$\widetilde{v} = (v_L + v_R\sqrt{\rho_R/\rho_L})/(1 + \sqrt{\rho_R/\rho_L})$$
$$\widetilde{w} = (w_L + w_R\sqrt{\rho_R/\rho_L})/(1 + \sqrt{\rho_R/\rho_L})$$
$$\widetilde{h} = (h_L + h_R\sqrt{\rho_R/\rho_L})/(1 + \sqrt{\rho_R/\rho_L})$$
$$\widetilde{a} = (\gamma - 1)[\widetilde{h} - (\widetilde{u}^2 + \widetilde{v}^2 + \widetilde{w}^2)/2]$$

3. AUSM＋格式

AUSM 格式是 Liou 和 Steffen[120] 在 1993 年提出的，其基本思想就是将无粘通量的求解分裂为对流项和压力项分别进行计算。它是一种复合格式，兼具通量差分分裂格式的激波分辨率高、数值耗散小，通量矢量分裂格式计算量小、计算效率高和鲁棒性好的优点，使得该格式在复杂流场计算方面显示出强大的优势，并进一步发展了 AUSM＋以及 AUSM±UP 等一系列格式。AUSM＋格式首先将无粘通量项分裂为对流项和压力项，即

$$F_{i,m} = \sum_{m=1}^{N(i)} a_{i,m}\left[M_{i,m}^+\begin{bmatrix} \rho \\ \rho u \\ \rho v \\ \rho w \\ \rho H \end{bmatrix}_i^L + M_{i,m}^-\begin{bmatrix} \rho \\ \rho u \\ \rho v \\ \rho w \\ \rho H \end{bmatrix}_m^R\right]\Delta S_{i,m}\sum_{m=1}^{N(i)}\begin{bmatrix} 0 \\ p_{i,m}n_x\Delta S_{i,m} \\ p_{i,m}n_y\Delta S_{i,m} \\ p_{i,m}n_z\Delta S_{i,m} \\ 0 \end{bmatrix} \qquad (2-19)$$

式中，第一项为对流通量；第二项为压力通量。各变量的具体表达为

$$n_{i,m} = n_x \boldsymbol{i} + n_y \boldsymbol{j} + n_z \boldsymbol{k}$$

$$M_{i,m}^{\pm} = \frac{1}{2}(M_{i,m} \pm |M_{i,m}|), \quad M_{i,m} = \Psi^{+}(M_{i,m}^{\mathrm{L}}) + \Psi^{-}(M_{i,m}^{\mathrm{R}}) \tag{2-20}$$

$$M_{i,m}^{\mathrm{L}} = \frac{n_{i,m} V_{i,m}^{\mathrm{L}}}{a_{i,m}}, \quad M_{i,m}^{\mathrm{R}} = \frac{n_{i,m} V_{i,m}^{\mathrm{R}}}{a_{i,m}}$$

$$a_{i,m} = \min(\tilde{a}_{i,m}^{\mathrm{L}}, \tilde{a}_{i,m}^{\mathrm{R}}), \quad \tilde{a}_{i,m}^{\mathrm{L}} = \frac{a^{*2}}{\max(|n_{i,m} V_{i,m}^{\mathrm{L}}|, a^{*})}, \quad \tilde{a}_{i,m}^{\mathrm{R}} = \frac{a^{*2}}{\max(|n_{i,m} V_{i,m}^{\mathrm{R}}|, a^{*})}$$

其中,临界声速 $a^{*} = \sqrt{\dfrac{2(\gamma-1)}{\gamma+1}H}$,总焓 $H = (e_0 + p)/\rho = c_p T + \dfrac{1}{2}(u^2 + v^2 + w^2)$。

$$\Psi^{\pm}(Ma) = \begin{cases} \pm\dfrac{1}{4}(Ma \pm 1)^2 \pm \beta(Ma^2 - 1)^2, & |Ma| < 1 \\ \dfrac{1}{2}(Ma \pm |Ma|), & |Ma| \geqslant 1 \end{cases} \tag{2-21}$$

其中,$-\dfrac{1}{16} \leqslant \beta \leqslant \dfrac{1}{2}$,建议取 $\beta = \dfrac{1}{8}$。

$$p_{i,m} = \varphi^{+}(M_{i,m}^{\mathrm{L}}) p_{i,m}^{\mathrm{L}} + \varphi^{-}(M_{i,m}^{\mathrm{R}}) p_{i,m}^{\mathrm{R}} \tag{2-22}$$

$$\varphi^{\pm}(Ma) = \begin{cases} \dfrac{1}{2}[1 \pm \mathrm{sign}(Ma)], & |Ma| \geqslant 1 \\ \dfrac{1}{4}(Ma \pm 1)^2(2 \mp Ma) \pm \alpha Ma(Ma^2 - 1)^2, & |Ma| < 1 \end{cases} \tag{2-23}$$

其中,$-\dfrac{3}{4} \leqslant \alpha \leqslant \dfrac{3}{16}$,建议取 $\alpha = \dfrac{3}{16}$。

2.3.3　边界条件

描述流体运动的方程是统一的 N-S 方程,然而实际的流动形态却千差万别,这主要是由于边界条件和初始条件不同导致的。N-S 方程的求解是流场参数反复迭代的过程,理论上初始条件可以任意给定,不会影响最终的真实解。但是,边界条件却是尤为重要的,如果处理不当,不仅会降低计算精度,甚至可能导致整个流场求解的发散。一般说来,边界条件主要包括三种类型:物面边界条件、远场边界条件和对称面边界条件。

1. 物面边界条件

对于无粘流动,物面应该满足无穿透边界条件,即 $V_n = 0$,物面压力和密度可以通过流场重构得到;对于黏性流动,物面上应该满足无滑移边界条件,即物面速度为 0,物面处压力和密度直接取第一层网格格心处的值。

2. 远场边界条件

从理论角度来说,远场应该取无穷远,但实际数值计算,求解域的大小是有限的,这就要求物面感受的气流扰动能够向外传播,经过远场边界而不被反射回内场。因此,对于远场需要引入无反射边界条件,即求解 Riemann 不变量。远场边界处的 Riemann 不变量定义如下:

$$R^{-} = q_n - \frac{2a}{\gamma - 1} \tag{2-24}$$

$$R^+ = q_n + \frac{2a}{\gamma - 1} \qquad (2-25)$$

式中,q_n 为远场边界;a 表示当地声速;γ 为气体比热比。

对于亚声速入流、出流以及超声速出流,不变量 R^- 通过自由来流确定,R^+ 由内场向外插值得到;对于超声速入流,不变量 R^- 和 R^+ 均由自由来流计算。远场边界上的法向速度和声速通过 R^- 和 R^+ 进行相加减来获得,即

$$q_n = \frac{1}{2}(R^+ + R^-) \qquad (2-26)$$

$$a = \frac{\gamma - 1}{4}(R^+ - R^-) \qquad (2-27)$$

在入流边界上,与远场相切的两个速度的分量以及熵值均由自由来流得到;在出流边界上,两个切向速度的分量以及熵值均由内场外插得到,远场边界上所有的物理量就可以通过求得的速度、当地声速以及熵值确定。

3. 对称面边界条件

对于对称流动,为了节省计算量和计算时间,只需要计算关于对称面一半的流场,在对称面边界上,平行于对称面的流动分量关于对称面对称,而垂直于对称面的流动分量关于对称面反对称。

2.3.4 时间推进格式

对于 N - S 方程的半离散形式,采用空间离散化,在每个网格控制体上计算出离散的数值通量后,半离散方程就转化为关于时间的一阶常微分方程组,时间推进就是通过时间迭代联立求解方程组得到最终数值解。

时间推进格式总体上可以分为显式格式和隐式格式。显式格式计算量小,实现容易,不需要求解大型线性代数方程组,而且可以比较容易达到很高的时间精度。但是,由于显式格式受稳定性条件的限制,推进的最小时间步长和网格尺度相关,在网格较密时,时间步长必须取很小才能保证求解稳定,这对于非定常黏性流动问题,特别是附面层网格尺度很小的时候,几乎是不可接受的。目前,使用最多的显式时间格式是多步 Runge - Kutta 格式。隐式时间推进格式没有稳定性条件限制,理论上可以取很大的时间步长。因此,与显式格式相比,隐式格式可以大幅提高计算效率,但隐式格式也有缺陷,它一般需要求解大型线性代数方程组,处理起来比较复杂。隐式时间推进格式有交替方向隐式方法(ADI)[122]、LU - SGS 方法[123]和广义最小残差法(GMRES)[124]等。但在非定常流动的求解过程中,上述隐式方法做了很多近似,如因子分解和线性化处理等,会造成在时间方向上只有小于或等于一阶精度的结果,不能满足非定常时间精度的需求。目前,采用最为广泛隐式格式是 Jameson 提出的双时间迭代法[125],其基本思想是在真实的控制方程中引入伪时间子迭代,对于每个伪时间迭代步,用隐式求解方法计算该伪时间步内方程的收敛解,即为下一时间步流动的真实解。这种双时间迭代法是全隐式推进格式,物理时间步长可以取得很大,计算效率较高,且在加入伪时间项后,对于定常和非定常控制方程,在伪时间方向上均属于双曲型方程,沿伪时间方向进行推进求解,算法统一,易于编程计算,因此,该方法成为目前 CFD 计算最常用的方法。以下分别简要介绍显式 Runge

- Kutta 时间推进格式和隐式双时间推进格式。

1. 显式 Runge - Kutta 时间推进格式

将流场控制方程的半离散形式,即式(2 - 10)写为

$$\frac{\mathrm{d}\overline{Q_i}}{\mathrm{d}t} = \overline{R}_i \qquad (2-28)$$

式中,$\overline{R}$ 为无粘通量和黏性通量之和,即推进方程的残差项。采用四步 Runge - Kutta 方法从第 n 时间步推进到第 $n+1$ 时间步的具体步骤如下:

$$\left.\begin{aligned}
\overline{Q}_i^{0} &= \overline{Q}_i^{n} \\
\overline{Q}_i^{(1)} &= \overline{Q}_i^{(0)} + \alpha_1 \Delta t \overline{R}_i^{(0)} \\
\overline{Q}_i^{(2)} &= \overline{Q}_i^{(0)} + \alpha_2 \Delta t \overline{R}_i^{(1)} \\
\overline{Q}_i^{(3)} &= \overline{Q}_i^{(0)} + \alpha_3 \Delta t \overline{R}_i^{(2)} \\
\overline{Q}_i^{(4)} &= \overline{Q}_i^{(0)} + \alpha_4 \Delta t \overline{R}_i^{(3)} \\
\overline{Q}_i^{(n+1)} &= \overline{Q}_i^{(4)}
\end{aligned}\right\} \qquad (2-29)$$

式中,$\alpha_1 = \frac{1}{4}, \alpha_2 = \frac{1}{3}, \alpha_3 = \frac{1}{2}, \alpha_4 = 1$。

式(2-29)中,每一小步,均需要重新求解一次通量项。对于定常问题的求解,可以采用当地时间步长以及隐式残值光顺等技术进行加速收敛,提高计算效率。

2. 隐式双时间推进格式

将半离散的流场控制方程的时间导数项采用二阶向后差分离散,得

$$\frac{3\overline{Q}_i^{n+1} - 4\overline{Q}_i^{n} + \overline{Q}_i^{n-1}}{2\Delta t} + \overline{R}_i(\overline{Q}^{n+1}) = 0 \qquad (2-30)$$

在式(2-30)的左端加入伪时间导数项,得

$$\frac{\mathrm{d}\overline{Q}_i^{n+1}}{\mathrm{d}\tau} + \frac{3\overline{Q}_i^{n+1} - 4\overline{Q}_i^{n} + \overline{Q}_i^{n-1}}{2\Delta t} + \overline{R}_i(\overline{Q}^{n+1}) = 0 \qquad (2-31)$$

再令 $\overline{R}_i^*(\overline{Q}^{n+1}) = \dfrac{3\overline{Q}_i^{n+1} - 4\overline{Q}_i^{n} + \overline{Q}_i^{n-1}}{2\Delta t} + \overline{R}_i(\overline{Q}^{n+1})$,则式(2-31)简写为

$$\frac{\mathrm{d}\overline{Q}_i^{n+1}}{\mathrm{d}\tau} + \overline{R}_i^*(\overline{Q}^{n+1}) = 0 \qquad (2-32)$$

在伪时间层上,按照隐式时间推进求解方程式(2-32),当伪时间步迭代收敛,即 $\dfrac{\mathrm{d}\overline{Q}_i^{n+1}}{\mathrm{d}\tau}$ 趋于零时,相应的 $\overline{R}_i^*(\overline{Q}^{n+1})$ 也趋于零,就可以得到真实时间层 $n+1$ 时间步流动的真实解。

2.4　定常流场计算

气动外形优化设计采用课题组开发流场求解程序 GFSI 进行气动特性评估。本节采用几个定常流场求解算例验证所采用的 GFSI 程序的可靠性及精度。

算例 1:M6 机翼

M6 机翼是跨声速 CFD 外流计算的标准验证算例,它虽然外形简单却包含了大量复杂的跨声速流动现象(局部超声速流动、激波、湍流边界层分离等)。M6 机翼主要作为无粘流动和

黏性附着流动计算的验证算例,用于考察数值方法的数值离散精度和耗散特性。图 2-3 给出了 M6 机翼的外形参数,选取 M6 机翼跨声速状态的 CFD 模拟,来流的计算状态马赫数为 0.839 5,来流迎角为 3.06°,基于平均气动弦长的雷诺数为 1.17×10^7。计算采用的混合网格如图 2-4 所示,第一层网格高度为 7.5×10^{-6},壁面 y^+ 为 3.84,附面层增长率为 1.25,网格节点总数为 1 090 402,网格单元总数为 2 430 689。空间格式为 AUSM+,时间推进采用对称 Gauss-Seidel 迭代,CFL 数取为 10,湍流模型采用 SA 模型。图 2-5 分别给出了 CFD 求解程序 GFSI 和试验结果(EXP.)沿展向不同站位的压力系数的对比情况,从图中可以看出 GFSI 程序的计算结果与试验结果基本一致。

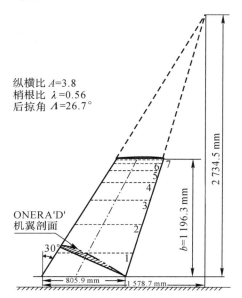

纵横比 A=3.8
梢根比 λ=0.56
后掠角 Λ=26.7°

测压孔站位与数量			
N	y/b	upper	lower
1	0.20	23	11
2	0.44	23	11
3	0.65	23	11
4	0.80	23	11
5	0.90	31	14
6	0.95	31	14
7	0.99	31	14

图 2-3　M6 机翼的外形参数[127]

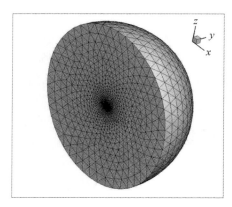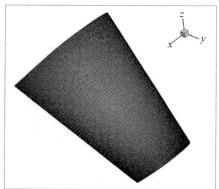

图 2-4　M6 机翼远场、物面及对称面网格

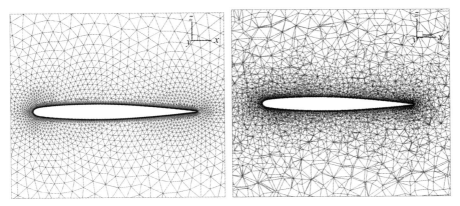

续图 2-4　M6 机翼远场、物面及对称面网格

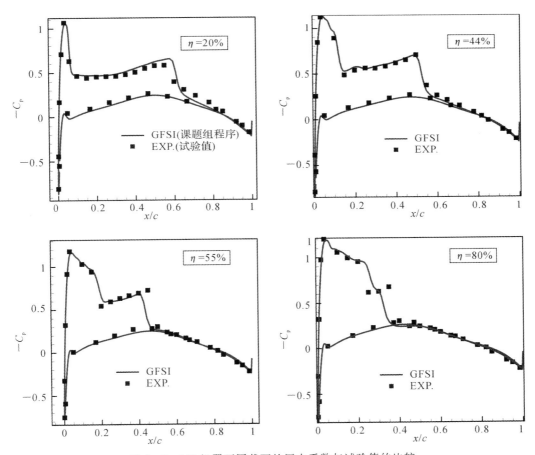

图 2-5　M6 机翼不同截面的压力系数与试验值的比较

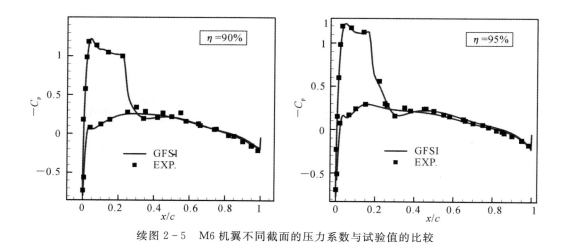

续图 2-5　M6 机翼不同截面的压力系数与试验值的比较

算例 2:CRM 机翼

　　CRM 模型是 AIAA 阻力会议使用的阻力预测标准模型[127],具有较为丰富的风洞试验数据和"背靠背"计算结果[128]。CRM 模型的几何参数见表 2-1,机翼的参考弦长为 $c=$ 151.3 mm,机翼半展长为 634.6 mm。CRM 翼身组合模型计算所用的混合网格如图 2-6 所示,所采用的计算网格按照文献[128]提供的中等密度网格,网格数量为 5 037 749,节点数为 1 961 620,远场约为参考长度的 50 倍。边界层网格为 40 层,近壁面处的第一层高度为 $2\times 10^{-6}c$,无量纲壁面距离 y^+ 为 1。

表 2-1　CRM 模型的几何参数

参考弦长/mm	151.3
参考面积/mm²	179 014.2
半展长/mm	634.6
1/4 弦线后掠角/(°)	35

　　所选取的 CRM 模型在跨声速流动状态:$Ma=0.847$,$\alpha=2.47°$,$Re=2.2\times10^6$,开展 CFD 数值方法的验证。图 2-7 给出了 GFSI 程序的计算的压力系数分布与相应的试验 (EXP.)压力系数分布的对比情况。从图中可以看出,程序的计算结果与试验结果基本一致,但是 CFD 预测的激波位置稍稍靠后一些,这应该是未对来流攻角进行修正造成的。

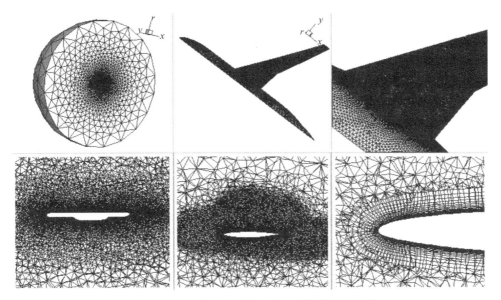

图 2 - 6　CRM 翼身组合模型计算所用的混合网格

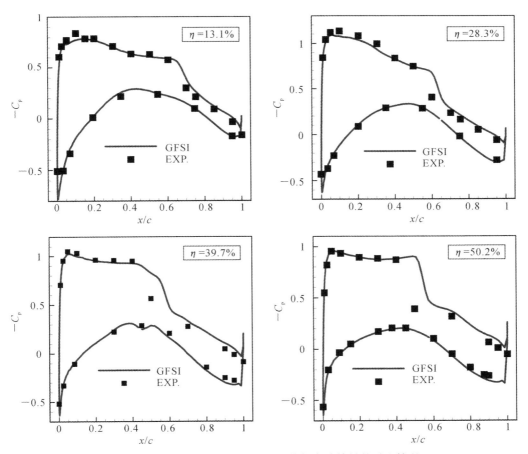

图 2 - 7　CRM 机翼各截面压力系数与实验结果的对比情况

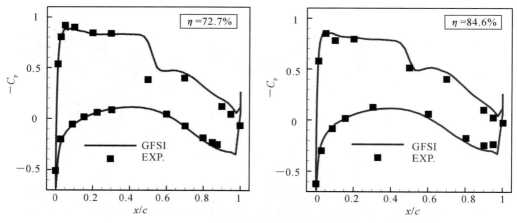

续图 2-7　CRM 机翼各截面压力系数与实验结果的对比情况

2.5　本 章 小 结

本章主要介绍了气动外形优化中涉及的气动特性数值评估方法。首先,概述了 CFD 数值模拟。其次,详细介绍了网格生成技术及网格变形技术,并对 CFD 的原理进行了简单的介绍。最后,通过几个定常流场算例验证了本项目课题组所采用的求解器 GFSI 的可靠性及精度。

第3章 气动外形参数化方法

气动外形参数化方法是气动外形设计中一个重要的研究方向。气动外形参数化是根据气动外形特征,通过一些参数来描述外形或其变化的方法,会对气动外形优化设计的效率及效果产生很大的影响。文献[129－131]对各种不同的参数化方法进行详细的综述。特征参数描述(Parameterization Section,PARSEC)方法通过11个几何特征参数去描述几何形状,但其控制参数过少,会影响拟合的精度[132-137]。Hicks－Henne 型函数叠加方法是通过在基准翼型上叠加扰动形函数来描述新的翼型形状[138]。Kulfan 提出了类别形状变换方法(Class-shape-transformation,CST)的翼型参数化方法,CST 方法中包含类别函数和形状函数,其中类别函数控制气动外形的一般形状,通过形状函数的扰动来实现翼型形状的变化[139-140]。自由变形方法(Free-form Deformation,FFD)的基本思想是将变形物体嵌入一个简单而柔韧的实体中,随后实体发生变形,嵌入物也随之发生相应的变形[141-142]。在 NURBS 参数化方法中,用于拟合曲线的函数,允许设计者自由选取 B 样条的控制点,通过控制点的坐标决定具体形状,以准确描述几何外形[143]。在气动外形优化设计中,选择或发展气动外形参数化方法的基本原则是:一个好的参数化方法应该具备以较少参数表示几何形状,并且在设计空间内能够涵盖尽可能多的潜在外形的能力[144]。

参数化方法按照设计参数与原始翼型/翼面的关系,可以分为描形类参数化方法与扰动类参数化方法。常用的描形类参数化方法有 NURBS、CST 和 PARSEC 参数化方法等,而扰动类参数化方法包括 Hicks－Henne 函数和 FFD 方法等。本章将对这些比较常用的参数化方法进行介绍。

3.1 Hicks－Henne 参数化方法

Hicks－Henne 参数化方法是由 Hicks 与 Henne 于 1978 年提出的扰动类气动外形的参数化方法。在 Hicks－Henne 方法中,翼型的参数化表示为基准翼型加上一系列的基函数的线性组合[145-148]:

$$y_u(x) = y_{ub}(x) + \Delta y_u(x), y_l(x) = y_{lb}(x) + \Delta y_l(x) \qquad (3-1)$$

式中,x 表示翼型的弦向坐标;$y_u(x)$ 表示翼型的上表面纵坐标;$y_l(x)$ 表示翼型下表面纵坐标;$y_{ub}(x)$、$y_{lb}(x)$ 分别表示基准翼型的上、下表面纵坐标;$\Delta y_u(x)$、$\Delta y_l(x)$ 分别表示翼型上、下表面的扰动函数。

扰动函数的表达式如下:

$$\Delta y_u(x) = \sum_{i=1}^{n_u} a_i f_i(x), \quad \Delta y_l(x) = \sum_{i=n_u+1}^{n_u+n_l} a_i f_i(x) \qquad (3-2)$$

式中,n_u、n_l 分别表示用于描述上、下表面翼型的扰动函数的基函数的个数;f_i 表示第 i 阶基函

数的表达式;a_i 表示第 i 阶基函数的系数。 对于基函数 $f_i(x)$,主要表达式如下:

$$f_i(x) = \begin{cases} x^{0.25}(1-x)\,e^{-20x}, & i=1 \\ \sin^p(\pi x^{e(k)}), & i>1 \end{cases} \qquad (3-3)$$

式中,$e(k) = \dfrac{\lg(0.5)}{\lg(x_k)}, 0 < x_k < 1$;$p$ 为控制基函数的扰动范围;k 为控制基函数峰值的位置。

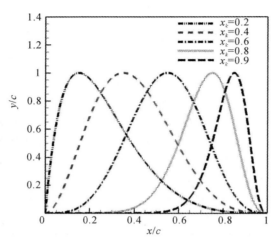

图 3-1 Hicks-Henne 基函数

图 3-1 中,从左至右依次为 $x_k = 0.2, 0.4, 0.6, 0.8, 0.9$ 时基函数的图像,其中 $p=3,k$ 分别取 2,4,6,8,9。通过在基准翼型上加上各个 x_k 点的扰动来实现翼型几何外形的修改。由图 3-1 可知,通过取不同的 x_k,可以改变基函数的峰值的位置,从而实现用不同的基函数控制翼型不同位置的形状。其中,$x_k = 0.2, 0.4$ 主要控制翼型前缘部分的线型;$x_k = 0.6, 0.8$ 主要控制翼型中间部分的线型;$x_k = 0.9$ 主要控制翼型尾缘部分的线型。

如图 3-2 所示,通过 Hicks-Henne 方法,扰动 NACA0012 翼型,使之成为 RAE2822 翼型。其中,上、下表面各使用了 8 个参数,总共 16 个设计变量。在图 3-2 中,可以看出 Hicks-Henne 方法在后缘的拟合效果较差,为了解决该问题,可以对基函数进行如下修正:

$$f_i(x) = \begin{cases} x^{0.25}(1-x)\,e^{-20x}, & i=1 \\ \sin^p(\pi x^{e(k)}), & 1<i<n \\ \sqrt{x}(1-x), & i=n \end{cases} \qquad (3-4)$$

式中,n 为基函数的阶数,此修正将最后一个基函数改为多项式 $\sqrt{x}(1-x)$,从而可以实现对后缘更精准的形状控制。改进的参数化方法拟合翼型的效果如图 3-3 所示。从图 3-3 中可以看出,改进后的 Hicks-Henne 方法后缘拟合更加精准,拟合效果大大提高。Hicks-Henne 参数化方法是一种函数构造简单,描述翼型精度较高的参数化方法。但是,Hicks-Henne 参数化方法对翼型的拟合精度依赖于基函数的选取,若基函数选取不合适,容易导致拟合失败。同时,Hicks-Henne 参数化方法使用的基函数是全局性的函数,改动基函数对应的参数会直接对翼型形状造成全局性的改变,不能进行精细化的局部修形。因此,Hicks-Henne 参数化方法不适合于精细化的优化设计。

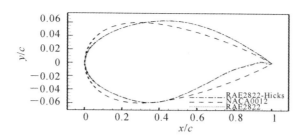

图 3 - 2 使用 Hicks - Henne 方法从 NACA0012 扰动生成 RAE2822 翼型

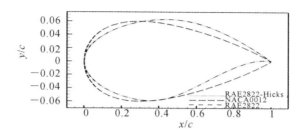

图 3 - 3 使用改进的 Hicks - Henne 方法从 NACA0012 扰动生成 RAE2822 翼型

3.2 NURBS 参数化方法

NURBS 参数化方法,即非均匀有理 B 样条参数化方法,由 Piegl 和 Tiller 最早提出,广泛用于计算机辅助设计与计算机图形学等工程领域中。在 NURBS 参数化方法中,用于拟合曲线的函数为有理基函数,通过控制点的坐标决定曲线的具体形状,采用较少的控制点就可以控制较广区域,并且使曲面有较好的光顺性与局域性质。

NURBS 参数化方法的主要表达式如下:

$$C(u) = \sum_{i=0}^{n} R_{i,p}(u) P_i \qquad (3-5)$$

式中,u 为无量纲弦向坐标;$C(u)$ 为翼型表面点的纵坐标;$R_{i,p}(u)$ 为第 i 个控制点对应的 p 阶有理基函数;P_i 为控制点的坐标。有理基函数的表达式如下:

$$R_{i,p}(u) = \frac{N_{i,p}(u)\,\omega_i}{\sum_{j=0}^{n} N_{j,p}(u)\,\omega_j} \qquad (3-6)$$

其中,ω_i 为权重因子;$N_{i,p}(u)$ 为 B 样条函数。

对于 B 样条函数,首先给出一组节点 $\{u_1, u_2, \cdots, u_n\}$,常用的基函数为 beBoor 与 Cox。通过下列递推关系来定义基函数:

$$N_{i,0}(u) = \begin{cases} 1, & u_i \leqslant u \leqslant u_{i+1} \\ 0, & \text{其他} \end{cases} \qquad (3-7)$$

$$N_{i,p}(u) = \frac{u - u_i}{u_{i+p-1} - u_i} N_{i,p-1}(u) + \frac{u_{i+p} - u}{u_{i+p} - u_{i+1}} N_{i+1,p-1}(u) \qquad (3-8)$$

由以上的递推关系可知,对于函数 $N_{i,p}(u)$,仅当 $u \in [u_i, u_{i+p})$ 时取值是非零的,在其余的取值区间均为 0。因此,样条基函数具有局部性质,每个控制点都有对应的控制区域,改变对应的控制点的坐标,不会影响控制区域之外的点的取值。

有理基函数具有下列性质。

(1)非负性。在设计区间内,始终有 $R_{i,p}(u) \geqslant 0$。

(2)归一性。对于 $u \in [0,1]$,有 $\sum\limits_{j=0}^{n} R_{j,p}(u) = 1$,其意义为在曲面上任意一点,其纵坐标由各个控制点按照对应的权重 $R_{i,p}(u)$ 取平均值得到。

(3)局部支撑性。 每个控制点控制对应控制区域的曲线坐标,在控制区域之外没有影响。

(4)可微性。在节点区间内部,曲线无限可微,具有很好的光顺性。 在节点上,基函数 $R_{j,p}(u)$ 是 $p-k$ 次连续可微,k 为节点的重复度。

在翼型的参数化设计中,常用的基函数为 3 阶或 4 阶基函数(见图 3-4),为了满足翼型设计的要求,需要设计翼型对应的节向量。每一段有理 B 样条曲线都有相应的控制区间,其控制区间由区间端点位置决定。所有端点的集合 $\{x_1, x_2, \cdots, x_n\}$($x_i \in [0,1]$)称为节向量。一个节向量可以有重复的端点,使用重复的端点可以产生基函数形状的变形,从而更好地适应翼型拟合与翼型构造的要求。

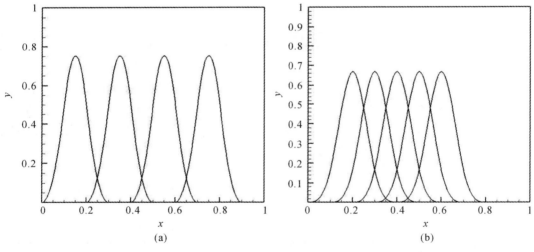

图 3-4　NURBS 基函数形状

(a) 第 3 阶基函数;　(b) 第 4 阶基函数

实际的参数化设计中,为满足翼型的形状要求,往往选取形如 $\{0,0,0,x_1,x_2,\cdots,x_n,1,1,1\}$ 的节向量。 为拟合 NACA0012 翼型(见图 3-5),设置节向量为 $\{0,0,0,0.01,0.05,0.1,0.2,0.4,0.6,0.7,0.8,0.9,1,1,1,1\}$,通过式(3-5)与递推关系式(3-6)生成三阶基函数如图 3-6 所示,并通过最小二乘法得到基函数的系数 p_i(即控制点的坐标),从而实现对翼型的拟合,拟合所得的均方误差分布如图 3-7 所示。

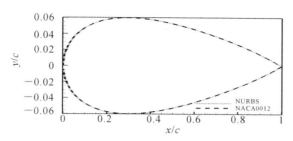

图 3 - 5　对于 NACA0012 翼型的拟合效果

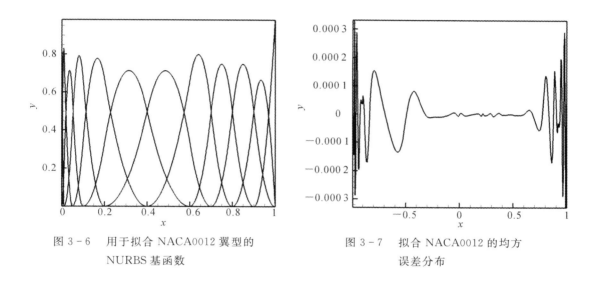

图 3 - 6　用于拟合 NACA0012 翼型的
　　　　　NURBS 基函数

图 3 - 7　拟合 NACA0012 的均方
　　　　　误差分布

3.3　PARSEC 参数化方法

　　PARSEC 参数化方法在 20 世纪 90 年代由 Sobieszky 提出,是一种基于翼型特征的描形类参数化方法,翼型的参数化表达式为指定形式的多项式组合,多项式的系数由翼型的外形特征所确定,翼型的外形特征分为前缘特征、后缘特征、翼型厚度特征等等。

　　在 PARSEC 参数化方法中,上、下表面的翼型曲线的表达式为

$$z_{\mathrm{u}} = \sum_{n=1}^{6} a_n x_{\mathrm{u}}^{n-\frac{1}{2}}, \quad z_{\mathrm{l}} = \sum_{n=1}^{6} b_n x_{\mathrm{l}}^{n-\frac{1}{2}} \qquad (3-9)$$

其中,x_{u}、x_{l} 分别是翼型上、下表面曲线的无量纲弦向坐标;z_{u}、z_{l} 分别是翼型上、下表面曲线的纵坐标;a_n、b_n 分别为描述翼型上、下表面曲线的多项式的系数,a_n、b_n 可分别通过以下方程组得到:

$$
\begin{bmatrix}
1 & 0 & 0 & 0 & 0 & 0 \\
x_{\mathrm{te}}^{1/2} & x_{\mathrm{te}}^{3/2} & x_{\mathrm{te}}^{5/2} & x_{\mathrm{te}}^{7/2} & x_{\mathrm{te}}^{9/2} & x_{\mathrm{te}}^{11/2} \\
x_{\mathrm{up}}^{1/2} & x_{\mathrm{up}}^{3/2} & x_{\mathrm{up}}^{5/2} & x_{\mathrm{up}}^{7/2} & x_{\mathrm{up}}^{9/2} & x_{\mathrm{up}}^{11/2} \\
\frac{1}{2}x_{\mathrm{te}}^{-1/2} & \frac{3}{2}x_{\mathrm{te}}^{1/2} & \frac{5}{2}x_{\mathrm{te}}^{3/2} & \frac{7}{2}x_{\mathrm{te}}^{5/2} & \frac{9}{2}x_{\mathrm{te}}^{7/2} & \frac{11}{2}x_{\mathrm{te}}^{9/2} \\
\frac{1}{2}x_{\mathrm{up}}^{-1/2} & \frac{3}{2}x_{\mathrm{up}}^{1/2} & \frac{5}{2}x_{\mathrm{up}}^{3/2} & \frac{7}{2}x_{\mathrm{up}}^{5/2} & \frac{9}{2}x_{\mathrm{up}}^{7/2} & \frac{11}{2}x_{\mathrm{up}}^{9/2} \\
-\frac{1}{4}x_{\mathrm{up}}^{3/2} & \frac{3}{4}x_{\mathrm{up}}^{-1/2} & \frac{15}{4}x_{\mathrm{up}}^{1/2} & \frac{35}{4}x_{\mathrm{up}}^{3/2} & \frac{63}{4}x_{\mathrm{up}}^{5/2} & \frac{99}{4}x_{\mathrm{up}}^{7/2}
\end{bmatrix}
\begin{bmatrix} a_1 \\ a_2 \\ a_3 \\ a_4 \\ a_5 \\ a_6 \end{bmatrix}
=
\begin{bmatrix}
\sqrt{2r_{\mathrm{le}}} \\
z_{\mathrm{te}}+\dfrac{\Delta z_{\mathrm{te}}}{2} \\
z_{\mathrm{up}} \\
\tan(\theta_{\mathrm{up}}) \\
0 \\
z_{xx,\mathrm{up}}
\end{bmatrix}
$$

$$
\begin{bmatrix}
1 & 0 & 0 & 0 & 0 & 0 \\
x_{\mathrm{te}}^{1/2} & x_{\mathrm{te}}^{3/2} & x_{\mathrm{te}}^{5/2} & x_{\mathrm{te}}^{7/2} & x_{\mathrm{te}}^{9/2} & x_{\mathrm{te}}^{11/2} \\
x_{\mathrm{lo}}^{1/2} & x_{\mathrm{lo}}^{3/2} & x_{\mathrm{lo}}^{5/2} & x_{\mathrm{lo}}^{7/2} & x_{\mathrm{lo}}^{9/2} & x_{\mathrm{lo}}^{11/2} \\
\frac{1}{2}x_{\mathrm{te}}^{-1/2} & \frac{3}{2}x_{\mathrm{te}}^{1/2} & \frac{5}{2}x_{\mathrm{te}}^{3/2} & \frac{7}{2}x_{\mathrm{te}}^{5/2} & \frac{9}{2}x_{\mathrm{te}}^{7/2} & \frac{11}{2}x_{\mathrm{te}}^{9/2} \\
\frac{1}{2}x_{\mathrm{lo}}^{-1/2} & \frac{3}{2}x_{\mathrm{lo}}^{1/2} & \frac{5}{2}x_{\mathrm{lo}}^{3/2} & \frac{7}{2}x_{\mathrm{lo}}^{5/2} & \frac{9}{2}x_{\mathrm{lo}}^{7/2} & \frac{11}{2}x_{\mathrm{lo}}^{9/2} \\
-\frac{1}{4}x_{\mathrm{lo}}^{3/2} & \frac{3}{4}x_{\mathrm{lo}}^{-1/2} & \frac{15}{4}x_{\mathrm{lo}}^{1/2} & \frac{35}{4}x_{\mathrm{lo}}^{3/2} & \frac{53}{4}x_{\mathrm{lo}}^{5/2} & \frac{99}{4}x_{\mathrm{lo}}^{7/2}
\end{bmatrix}
\begin{bmatrix} b_1 \\ b_2 \\ b_3 \\ b_4 \\ b_5 \\ b_6 \end{bmatrix}
=
\begin{bmatrix}
-\sqrt{2r_{\mathrm{le}}} \\
z_{\mathrm{te}}-\dfrac{\Delta z_{\mathrm{te}}}{2} \\
z_{\mathrm{lo}} \\
\tan(\theta_{\mathrm{lo}}) \\
0 \\
z_{xx,\mathrm{lo}}
\end{bmatrix}
$$

图 3-8 表示了方程组中各个参数的几何意义。其中，r_{le} 表示翼型前缘内切圆半径；x_{up}、x_{lo}、z_{up}、z_{lo} 分别为上下表面最大厚度点的横纵坐标；$z_{xx\mathrm{up}}$、$z_{xx\mathrm{lo}}$ 分别表示上下表面最大厚度点的曲率；θ_{up}、θ_{lo} 表示后缘处上下表面切线与 Ox 轴的夹角；x_{te} 表示后缘中点的横坐标；z_{te}、Δz_{te} 分别表示后缘中点的纵坐标与后缘厚度。

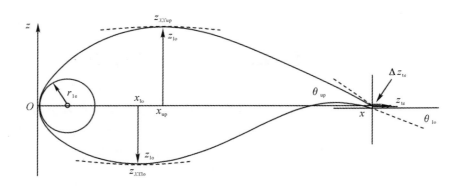

图 3-8　PARASEC 参数化方法参数的几何意义

从方程组可以看出，虽然用来确定上、下表面曲线的多项式的项数均为 6 项，但是两个多项式第 1 项的系数存在关系 $a_1 = -b_1 = \sqrt{2r_{\mathrm{le}}}$。因此，实际上控制 PARSEC 参数化方法的参数只有 11 个。在翼型设计中，常常忽略尾缘的厚度或者保持翼型的厚度为一个固定值，并保证

后缘中点纵坐标 $Z_{te} = 0$（否则会导致翼型的攻角发生改变）。综合上述两个约束，实际设计翼型的参数减少为 9 个。图 3 - 9 与图 3 - 10 给出了 NACA0012 用 PARSEC 参数化方法的拟合效果以及拟合误差分布。PARSEC 方法是一种形状函数较为简单的参数化方法，具有较强的几何意义，但是由于设计参数数量较少，拟合能力较差，难以进行精细化的设计。

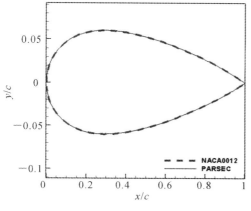

图 3 - 9　NACA0012 用 PARSEC
参数化拟合曲线

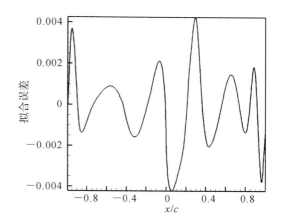

图 3 - 10　NACA0012 用 PARSEC
参数化拟合误差

3.4　CST 参数化方法

　　CST 方法是一种描形类参数化方法，通过类别函数和形状函数来表示几何外形。在 CST 方法中，类别函数用来定义几何外形的种类，形成基本的几何外形，所有同类型几何外形都由这个基本外形派生出来。形状函数的作用是对类别函数所形成的基本几何外形进行修正，从而生成设计过程所需要的几何外形。CST 方法最大的优点是可以用很少的设计变量进行翼型参数化，使用灵活，应用范围广泛。

　　CST 参数化方法的数学表达式为

$$\xi = C(\psi)S(\psi) + \psi \frac{\Delta z_{te}}{c} \tag{3-10}$$

式中，ψ 表示翼型弦向无量纲坐标值；ξ 表示翼型厚度方向无量纲坐标值；$C(\psi)$ 表示类别函数；$S(\psi)$ 表示形状函数，采用式（3 - 10）的解析函数便可以分别表示翼型的上表面和下表面。类别函数的一般表达式如下：

$$C(\psi) = (\psi)^{N_1}(1-\psi)^{N_2}, \quad 0 \leqslant \psi \leqslant 1 \tag{3-11}$$

其中，指数 N_1 和 N_2 定义了基本几何特性。不同的取值可表示不同类型的几何外形。对于翼型形状，参数 N_1 和 N_2 取值为 $N_1 = 0.5$，$N_2 = 1.0$；对于双圆弧形状，参数为 $N_1 = 1.0$，$N_2 = 1.0$；对于 Sears - Haack 旋成体形状，参数为 $N_1 = 0.75$，$N_2 = 0.75$，如图 3 - 11 所示。

通常用 n 阶 Bernstein 多项式加权作为形状函数表达式：

$$S(\psi) = \sum_{i=0}^{n} \left[b_i \frac{n!}{i!(n-i)!} (\psi)^i (1-\psi)^{n-i} \right] \qquad (3-12)$$

式中，b_i 是第 i 阶 Bernstein 多项式系数。以前 5 阶形状函数为例，形状函数的几何外形如图 3-12 所示。

通过最小二乘法便可以求解出系数 b_i，即求解线性方程组（3-13）便可以实现翼型的参数化。

$$\begin{bmatrix} S_0(\psi_0) & S_1(\psi_0) & S_2(\psi_0) & \cdots & S_n(\psi_0) \\ S_0(\psi_1) & S_1(\psi_1) & S_2(\psi_1) & \cdots & S_n(\psi_1) \\ \vdots & \vdots & \vdots & & \vdots \\ S_0(\psi_n) & S_1(\psi_n) & S_2(\psi_n) & \cdots & S_n(\psi_n) \end{bmatrix} \cdot \begin{bmatrix} b_0 \\ b_1 \\ \vdots \\ b_n \end{bmatrix} = \begin{bmatrix} \hat{\xi}(\psi_0) \\ \hat{\xi}(\psi_1) \\ \vdots \\ \hat{\xi}(\psi_n) \end{bmatrix} \qquad (3-13)$$

式中，$\hat{\xi}(\psi) = \xi(\psi) - \psi \dfrac{\Delta z_{te}}{c}$。

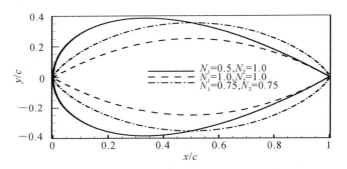

图 3-11　不同类别函数所代表的几何外形

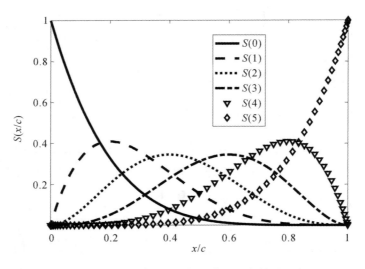

图 3-12　前 5 阶形状函数的几何外形

以 NACA0012 翼型为例,图 3 - 13 给出了翼型上表面的拟合误差随 Bernstein 多项式阶数的变化情况,拟合精度随着阶数的增加越来越小,3 阶的 Bernstein 多项式($n=2$)的最大拟合误差在 $1.5×10^{-4}$ 左右,可以很好地拟合翼型形状。图 3 - 14 给出了 NACA0012 翼型的拟合效果,从图中可以看出,用 5 阶 Bernstein 多项式($n=4$)能很好地拟合翼型。图 3 - 15 给出了总拟合误差随着参数维数的变化情况,可以看出拟合误差随着参数个数的增多逐渐减小,当参数个数增大到一定程度时,拟合误差会突然增大,导致拟合效果变差,这是因为当参数达到一定程度时,参数化矩阵 $\boldsymbol{M}$ 的条件数变得很大,矩阵趋于病态,此时求解线性方程组(3 - 13),会导致求解结果不准确甚至出现错误。

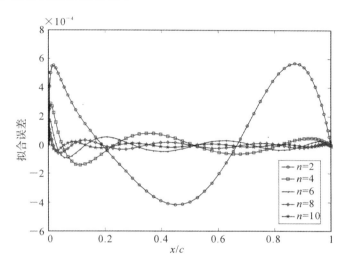

图 3 - 13　不同阶 Bernstein 多项式拟合表面误差比较(NACA0012 翼型上表面)

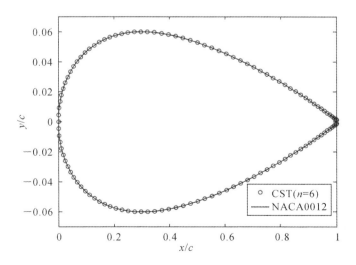

图 3 - 14　NACA0012 坐标值和拟合值的比较

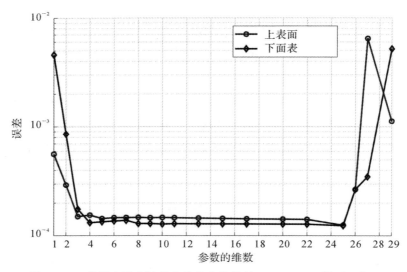

图 3-15 总拟合误差随着参数的变化情况(NACA0012 翼型上表面)

将二维 CST 方法扩展为三维,实现对三维机翼的参数化。三维机翼可以看作是一系列翼型沿展向分布的组合。那么,在不同的展向剖面上采用二维 CST 方法描述不同的翼型形状,便可以确定一个解析形状函数面,从而就确定了整个机翼的形状[152-154]。把式(3-12)中参数 b_i 沿机翼展向表示为 m 阶 Bernstein 多项式加权和的形式:

$$b_i = \sum_{j=0}^{m} b_{i,j} B_m^j(\eta) \tag{3-14}$$

式中,$\eta = 2y/b_w$,b_w 为翼展,y 为机翼沿展向的坐标。

$$B_m^j(\eta) = K_m^j \eta^j (1-\eta)^{m-j} \tag{3-15}$$

$$K_m^j = \frac{m!}{j!\,(m-j)!} \tag{3-16}$$

其中,$j = 0, 1, \cdots, m$。

则机翼的外形表面可以表示为

$$\xi(\psi, \eta) = C_{N_2}^{N_1}(\psi) \sum_{i=0}^{n} \sum_{j=0}^{m} b_{i,j} B_n^i(\psi) B_m^j(\eta) \tag{3-17}$$

式中,$b_{i,j}$ 为每个几何曲面所对应的权重系数。通过最小二乘法求取权重系数 $b_{i,j}$,便可以实现三维机翼的参数化。

令 $\xi_{i,j}(\psi, \eta) = C_{N_2}^{N_1}(\psi) B_n^i(\psi) B_m^j(\eta)$,$\xi_{i,j}(\psi, \eta)$ 表示弦向第 i 个 Bernstein 多项式和展向第 j 个 Bernstein 多项式所确定的几何面,整个机翼采用 $(n+1) \times (m+1)$ 个几何曲面加权叠加而成。

以三维机翼为例,验证 CST 方法对三维机翼的拟合精度。所选机翼的平面几何形状参数为:根部弦长 $c = 1$ m,展长 $b = 1.5$ m,前缘后掠角 $\Lambda = 30°$,根梢比 $\lambda = 0.5$。机翼的横截面翼型形状均为 NACA0012,故参数 m 对拟合精度影响很小,主要考虑参数 n 对 CST 方法拟合精度的影响。图 3-16 给出了不同参数对应的机翼拟合情况,从厚度云图对比可以看出,当 n 达到 2 阶时,CST 参数化方法就能很好地拟合原机翼。图 3-17 给出了不同横截面位置的翼型拟合误差分析,可以看出,当 n 达到 2 阶以上时,拟合误差小于 3×10^{-4},说明能够很好地拟合机翼不同横截面的翼型形状。

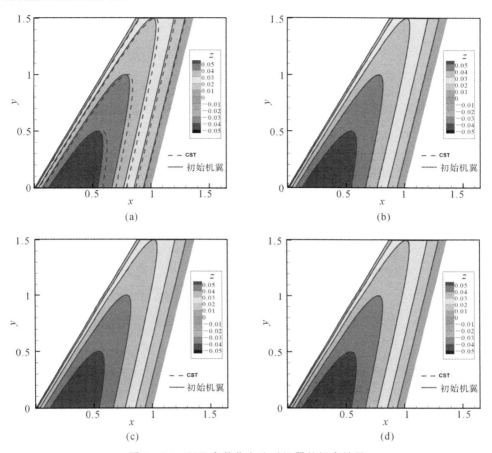

图 3-16　CST 参数化方法对机翼的拟合效果

(a) $n = 1$, $m = 2$;　(b) $n = 2$, $m = 2$;　(c) $n = 4$, $m = 2$;　(d) $n = 6$, $m = 2$

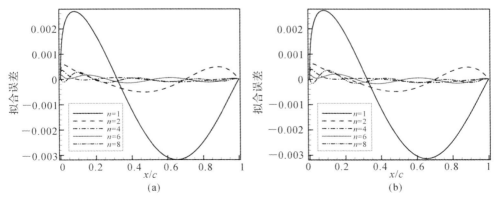

图 3-17　不同横截面位置的翼型拟合误差分析

(a) $y/b = 0.2$;　(b) $y/b = 0.99$

3.5 FFD 参数化方法

自由形态变形(FFD)由 Sederberg 与 Parry 在 1986 年首次提出,是一种基于自由变形的参数化方法,在计算机图形学中被广泛应用。在 FFD 中,曲面(曲线)上的点的坐标被嵌入在控制体中,其变形类似于弹性体的变形,通过控制体上的控制点坐标的改变批量地改变这些点的坐标。FFD 方法仿照弹性物体受外力后发生相应的变形这一物理现象,将研究对象置于控制体当中,给控制体施加外力,则控制体内的所有几何发生相应变形,处于其中的研究对象形状也发生相应的变化;在这一过程中,移动控制顶点,研究对象的每一点按照某一函数关系发生相应的移动,其几何形状随之改变。图 3-18 为 FFD 的变形图示,其中白色格点为控制顶点,方块和圆球为研究对象,当控制顶点位置变化,控制体内的研究对象形状相应地发生变化。

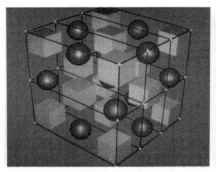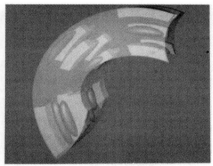

图 3-18　FFD 变形图示

在 FFD 方法中,将一个长、宽、高分别布有 $l+1,m+1,n+1$ 个节点的长方体框架作为控制体,称控制框架,研究对象置于控制框架内;将这 $(l+1)\times(m+1)\times(n+1)$ 个节点作为控制点来控制该框架的形变,建立控制节点与控制框架内每一点位置的函数关系,改变控制节点的位置,由函数关系计算得到研究对象每一点的新位置。

模型中的点由控制点上的局部坐标系决定,其在局部坐标系中的坐标始终保持不变。模型中的点的坐标为

$$X = X_0 + sS + tT + uU \tag{3-18}$$

其中,X_0 为控制点的坐标;s、t、u 分别是在控制点的局部坐标系的局部坐标;S、T、U 分别是局部坐标系的三个轴矢量。

$$s = \frac{T \times U(X-X_0)}{T \times U \cdot S}, \quad t = \frac{S \times U(X-X_0)}{S \times U \cdot T}, \quad u = \frac{S \times T(X-X_0)}{S \times T \cdot U} \tag{3-19}$$

沿各轴向等距分割,得到若干个控制点,控制点的全局坐标为

$$P_{i,j,k} = (x_{i,j,k}, y_{i,j,k}, z_{i,j,k}) = X_0 + \frac{i}{l}S + \frac{j}{m}T + \frac{k}{n}U \tag{3-20}$$

通过改变控制点的坐标可以改变模型中对应点的坐标。当控制点的坐标 $P_{i,j,k}$ 改变时,其控制框架内的任一点的坐标按照如下表达式发生改变:

$$X_{FFD}(s,t,u) = \sum_{i=0}^{l} \sum_{j=0}^{m} \sum_{k=0}^{n} P_{i,j,k} B_l^i(s) B_m^j(t) B_n^k(u) \tag{3-21}$$

式中，Bernstein 函数 $B_l^i(s)$ 的表达式为

$$B_l^i(s) = k_l^i (1-s)^{l-i} s^i \tag{3-22}$$

在 FFD 中，由于 Bernstein 函数的性质，其变形方式有良好的约束条件。此外，FFD 变形对整个模型进行参数化，不仅外形可以通过改变控制点发生连续的变化，其网格也可以进行同步的变形，无需使用其他的手段进行变形处理。

在二维情况下，FFD 可以表述为以下形式：

$$X = \sum_{j=0}^{n} \sum_{i=0}^{m} B_{i,m}(x_0) B_{j,n}\left(\frac{z_0 - z_{min}}{z_{max} - z_{min}}\right) P_{i,j} \tag{3-23}$$

式中，X 为翼型变形之后的坐标；x_0 为翼型在变形之前的初始横坐标；z_0 为翼型在变形之前的纵坐标。如图 3-19 所示，设计为 4×3 的控制点组成的线框来进行自由形状变形，对控制点进行扰动后得到新的翼型形状。由此可知，自由形状变形可以被看作是一种扰动类参数化方法。

利用 FFD 方法，可以直接对翼型对应的网格文件进行变形。其他参数化方法只能先实现翼型形状的变化，然后再使用其他的方法（如 RBF 插值方法）对网格节点进行重构，然后再导入流场求解器进行计算。FFD 方法由于其弹性体整体变形的特性，整个流场网格可以随着翼型进行同步的变动，无需使用其他算法来重构网格信息。

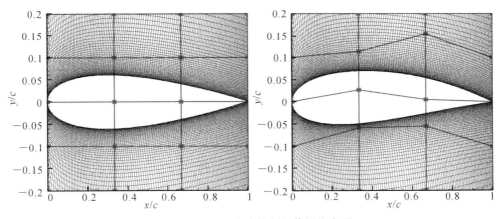

图 3-19　FFD 方法控制整体网格变形

3.6　不同参数化方法的拟合精度比较

拟合精度反映的是参数化方法对翼型几何外形的表达能力，好的参数化方法能用尽可能少的参数，将翼型拟合的误差降到可以接受的水准。在实际的优化过程中，翼型的气动特性往往取决于某些翼型形状特征，而气动优化是在参数化方法的基础上逼近气动特性良好的几何外形特征。因此，若参数化方法对翼型的拟合精度不高，可能会导致决定气动特性的关键形状特征无法达到，从而降低优化效果。在拟合过程中，常常使用最小二乘法的方式获得最合适的参数，通过比较原翼型与拟合翼型上的点的坐标计算误差。翼型拟合中关注的拟合误差有以

下三类。

（1）平均绝对误差。算术平均值是一个良好的集中量数，尤其是当翼型数据点较多时，用绝对误差的算术平均值，能够从整体角度来反映误差的基本水平。

（2）绝对误差的标准差（或均方差）。在得到平均绝对误差的基础上，标准差（或均方差）可以进一步反映各个数据点的整体误差离散水平，体现出所用方法对当下拟合翼型的各段位置是否具有均衡的拟合能力。

（3）最大绝对误差。该项指标一方面能够直接定位出拟合精度的最高水平；另一方面在平均误差受极端数据影响时，这项指标可以作为补充解释。

表 3 - 2 显示了五种参数化方法对 NACA0012 翼型的拟合情况，其中 Hicks - Henne 与 FFD 参数化方法是在 RAE2822 的基准翼型的基础之上扰动变形拟合 NACA0012 翼型产生的拟合误差。从表中可以看出，CST 的拟合精度最高，在参数较少的情况下，三类误差指标也均小于其他四种参数化方法。

表 3 - 2　不同参数化方法对 NACA0012 翼型的拟合误差

	参数个数	平均绝对误差	绝对误差的均方差	最大绝对误差
Hicks - Henne	16	$1.137\ 9 \times 10^{-4}$	$4.451\ 9 \times 10^{-8}$	0.002 6
NURBS	26	$5.154\ 3 \times 10^{-5}$	$7.669\ 5 \times 10^{-9}$	$3.306\ 3 \times 10^{-4}$
PARSEC	11	$1.603\ 9 \times 10^{-4}$	$3.994\ 5 \times 10^{-8}$	$4.244\ 5 \times 10^{-4}$
CST	10	$2.341\ 3 \times 10^{-7}$	$1.129\ 9 \times 10^{-12}$	$1.119\ 7 \times 10^{-5}$
FFD	20	$4.752\ 8 \times 10^{-4}$	$4.845\ 0 \times 10^{-7}$	0.002 6

3.7　本 章 小 结

本章主要对气动外形的参数化方法进行了详细介绍。主要从基本原理、基函数表达式、方法优缺点等方面介绍了 Hicks - Henne、NURBS、PARSEC、CST 和 FFD 五种常用的参数化方法，并以 NACA0012 翼型为例，比较了这五种参数化方法对气动外形的拟合能力。

第4章 优化算法及优化设计框架

优化方法是气动外形优化设计的重要部分,发展高效的、搜索能力强的优化方法是气动外形优化设计中最重要的研究工作之一。本章主要对优化算法、直接优化框架、基于代理模型优化框架进行详细介绍。

4.1 梯 度 算 法

4.1.1 梯度算法基本概念

无约束优化问题:最小化目标函数 $f(\boldsymbol{x})$,设计变量 $\boldsymbol{x} = \begin{bmatrix} x_1 & x_2 & \cdots & x_n \end{bmatrix}^{\mathrm{T}}$。目标函数的梯度为

$$\nabla f(\boldsymbol{x}) \equiv \begin{bmatrix} \dfrac{\partial f}{\partial x_1} \\ \dfrac{\partial f}{\partial x_2} \\ \cdots \\ \dfrac{\partial f}{\partial x_n} \end{bmatrix} \tag{4-1}$$

若目标函数关于设计变量的二阶偏导数连续,则二阶导数可以写成一个对称方阵,称为 Hessian 矩阵:

$$\nabla^2 f(\boldsymbol{x}) \equiv H(\boldsymbol{x}) \equiv \begin{bmatrix} \partial^2 f / \partial x_1^2 & \cdots & \partial^2 f / \partial x_1 \partial x_n \\ \cdots & & \cdots \\ \partial^2 f / \partial x_n \partial x_1 & \cdots & \partial^2 f / \partial x_n^2 \end{bmatrix} \tag{4-2}$$

那么这个优化问题的最优条件就可以表述成:必要条件(弱局部最优),$\|\nabla f(\boldsymbol{x}^*)\| = 0$ 且 $H(\boldsymbol{x}^*)$ 半正定;充分条件(强局部最优),$\|\nabla f(\boldsymbol{x}^*)\| = 0$ 且 $H(\boldsymbol{x}^*)$ 正定。

针对任意的无约束优化问题,可按照图 4-1 流程执行优化,其中 k 为迭代步数,$\boldsymbol{x}_k$ 为该迭代步的解,从 $k = 0$ 开始迭代。

无约束梯度优化包含两个子问题:计算搜索方向和步长。不同梯度优化算法的区别在于计算搜索方向的方法不同,主要有最陡下降法、共轭梯度法、牛顿法和拟牛顿法等。最陡下降法的特点是在前几步迭代目标函数值下降很快,但越逼近极小值点下降越慢,最后往往需要多步才能收敛。共轭梯度法能够改善最陡下降法后期下降慢的特点,但需要利用一阶导数信息。牛顿法则拥有更快的收敛速度,但需要计算二阶导数矩阵并求逆,收敛性也无法保证。拟

牛顿法利用一阶导数信息近似 Hessian 矩阵的逆矩阵,得以提高效率和收敛性。

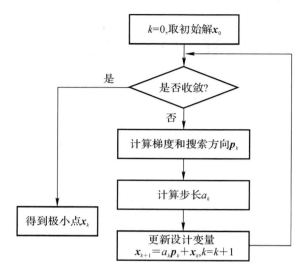

图 4-1　无约束梯度优化流程图

以最陡下降法[160]为例,其优化过程如下:从某一设计点 x_0 出发,沿目标函数负梯度方向进行搜索,寻找新点使目标函数最小,求出步长 a_k,从而得到新点 x_{k+1},以此规律迭代直到梯度接近 0 为止。优化过程可以由图 4-2 所示,其中,ε_g 为梯度绝对误差;ε_a 为目标函数绝对误差,通常取为 10×10^{-6};ε_r 为目标函数相对误差,通常取为 0.01。

4.1.2　梯度求解算法

在梯度优化算法中,梯度信息用来确定目标函数的搜索方向。试想一个优化问题有 m 个变量,n 个约束条件,那么目标函数就有 m 个梯度信息,而约束又会带来 $n \times m$ 个梯度信息。所以如何高效率、高精度地获取多变量的梯度也是很重要的。目前的主要方法包括有限差分法、复变量法、自动微分法、伴随方法。其中有限差分法求解目标函数对所有 m 个设计变量的梯度,一般使用以下公式(其中 h 为小扰动步长):

向前差分:
$$\frac{\partial f}{\partial x_i} \approx \frac{f(x_i + h) - f(x_i)}{h} + O(h) \qquad (4-3a)$$

中心差分:
$$\frac{\partial f}{\partial x_i} \approx \frac{f(x_i + h) - f(x_i - h)}{2h} + O(h^2) \qquad (4-3b)$$

式中,$i = 1, 2, \cdots, m$,向前差分有一阶精度,需要 $m+1$ 次计算;中心差分有二阶精度,需要 $2m$ 次计算。有限差分法的精度对所取步长 h 十分敏感,需要适当减小步长以提高精度,但步长过小时计算机的舍入误差会增大。

复变量法与有限差分法类似,只是按纯虚幂 jh 展开,这样在求一阶导数时就可以通过不断减小步长来提高精度,其计算量通常是有限差分法的两倍左右。

自动微分法在计算机程序运行过程中,无论函数 $f(x)$ 的计算有多复杂,都可分解为一系列的初等计算(如加、减、乘、除)和初等函数(如正弦、余弦等)运算的有序复合。通过对这些初等函数重复运用链式求导规则就能计算目标函数或约束函数的任意阶导数,且能够达到所要求的精度。

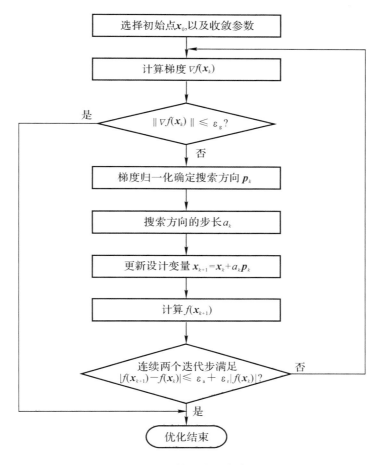

图 4 - 2　最陡下降法优化过程

伴随方法以偏微分方程系统的控制理论为基础,把物体边界作为控制函数,把流动控制方程作为约束条件引入目标函数中,将约束问题转化为无约束问题,将设计问题转化为控制问题。通过求解流动控制方程及其伴随方程来进行梯度求解。求解梯度的计算量与求解流场控制方程的计算量相当,因而总的计算量只相当于 2 倍的流场计算量,且与设计变量维数无关,大大减少了计算量,从而解决了多变量问题及复杂外形问题气动优化设计的梯度需要快速求解的难题。

4.2　启发式智能优化算法

智能优化算法按照算法内部的运行方式,分为进化类算法、群智能算法、模拟退火、禁忌搜索算法等。进化类算法在逼近最优解的过程中应用了"适者生存原则",群智能算法在逼近最优解的过程利用了集合中不同个体之间的信息交流。本节主要介绍气动优化常用的进化类算法与群智能算法——遗传算法(GA)、差分进化算法(DE)和粒子群优化算法(PSO)等。

4.2.1 遗传算法

遗传算法是根据达尔文生物进化论,通过模拟自然进化过程搜索最优解,其主要特点不局限于求导和函数连续性的限定,而是采用概率的寻优手段,自动获取优化的搜索空间,自适应地调整搜索方向。遗传优化算法的基本计算过程是:随机选取初始种群,从选择的初始种群开始,通过选择、交叉和变异产生下一代新种群,然后以新的种群为出发点,重复选择、交叉和变异的过程,直至满足终止条件为止。

遗传算法的具体步骤:

(1) 随机生成一个初始种群,作为父代种群,令 $k=0$。

(2) 计算种群 $X(k)$ 中每一个个体的适应值,并对个体进行排序。

(3) 选出适应度最优的个体作为"精英"("精英"不被淘汰和参与变异),将按照适应度排序后的个体进行淘汰,淘汰 η 个适应度最差的群体,剩下的除精英以外,作为产生子代的"父母"群体。

(4) 从种群 $X(k)$ 中选取 $\frac{k}{2}$ 对个体进入交配池。

(5) 交叉:对交配池中个体进行交叉,每两个父代个体的部分结构替换重组而生成新个体。

(6) 变异:对每个新个体以变异概率 p_m 进行变异,并把变异后的个体作为下一代种群 $X(k+1)$ 的个体,令 $k=k+1$。

(7) 判断是否满足结束准则,若满足,则计算结束;否则转到步骤(2)。

遗传算法的流程图如图 4-3 所示。

交叉指的是将两个父代的部分基因替换重组产生新个体的操作。在遗传算法中,常用的方法有均匀交叉、二进制交叉、单点交叉、两点交叉等。

每一个个体的参数取值都可以写成一串数字的形式,在这里定义其为染色体。在均匀交叉操作时,先随机产生一个与一个父代个体有同样长度的二进制串,再产生与上一个父代个体"相反"的二进制串,如下所示:

$$T_1 = 1\ 1\ 0\ 1\ 0\ 0\ 1\ 1\ 0$$
$$T_2 = 0\ 0\ 1\ 0\ 1\ 1\ 0\ 0\ 1$$

然后,以两个二进制串为模板,由两个父代的个体产生新的子代个体。

变异指的是对于新的子代个体,按照一定的概率改变个体包含的部分参数的取值。常用的变异方法有均匀变异、非均匀变异、多项式变异等。在均匀变异过程中,精英不参与变异,对于其他的个体,假设该个体的取值为 $X=(x_1,x_2,\cdots,x_i,\cdots,x_n)$,则每一个参数取值 x_i 按照变异概率 p_m 决定是否变异。若发生 x_i 变异,其取值直接在该参数取值的范围内随机取值,即

$$x_i' = x_{min} + \mathrm{rand}(x_{max} - x_{min}) \tag{4-4}$$

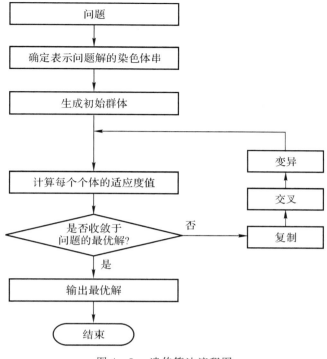

图 4-3　遗传算法流程图

4.2.2　差分进化算法

差分进化算法包含初始种群生成、选择、差分变异、交叉、边界条件处理、选择和循环七个步骤。

（1）初始种群生成。根据式（4-5）随机生成 N 个满足设计变量上、下限约束的个体，检验每个个体是否满足线性不等式约束。对于不满足线性不等式约束的个体，重新按式（4-5）生成，直到新个体满足线性不等式约束为止。由此得到的满足上、下限约束和线性不等式约束的 N 个个体作为第一代种群。

$$X_i = X_{\min} + \boldsymbol{R}_i (X_{\max} - X_{\min}) \tag{4-5}$$

式中，X_i 为种群中第 i 个个体；$\boldsymbol{R}_i$ 为种群中第 i 个个体对应的随机数，其为 n 维列向量，由 n 个随机数 $r_1, r_2, \cdots, r_n$ 组成，$\boldsymbol{R}_i = [r_1 \quad r_2 \quad \cdots \quad r_n]_i^{\mathrm{T}}$。

（2）选择。计算个体 X_i 对应的非线性约束函数 $g_j (j = 1, 2, \cdots, k)$ 和目标函数值 f_i。按式（4-6）将每个个体对应的 k 个非线性约束函数值转换为一个等效约束函数值，方便后续对非线性约束的处理：

$$p_i = \sum_{j=1}^{k} \omega_j \max(0, g_j) \tag{4-6}$$

式中，$\max(0, g_j)$ 的意义为判断第 i 个个体是否满足第 j 个约束，若满足，即 $g_j \leqslant 0$，则 $\max(0, g_j) = 0$；若不满足，即 $g_j > 0$，则 $\max(0, g_j) > 0$。当第 i 个个体满足所有 k 个非线性约束时，则 $p_i = 0$，而只要有一个约束不满足，则 $p_i > 0$。在选出第一代种群中最优个体后，就可以进行下一步的差分变异操作。

（3）差分变异。随机选出两个个体 $\boldsymbol{X}_a$ 和 $\boldsymbol{X}_b$，按下式对第 i 个个体进行差分变异操作，得到第 i 个变异个体 $\boldsymbol{X}_{im}$：

$$\boldsymbol{X}_{im} = \boldsymbol{X}_i + m(\boldsymbol{X}_a - \boldsymbol{X}_b) \tag{4-7}$$

式中，$\boldsymbol{X}_i$、$\boldsymbol{X}_a$ 和 $\boldsymbol{X}_b$ 两两互异，差分进化算法的差分体现在 $\boldsymbol{X}_a$ 与 $\boldsymbol{X}_b$ 互减，m 为变异系数。获得所有个体对应的变异个体后，就可以进行下一步的交叉操作。

（4）交叉。按下式对第 i 个个体 $\boldsymbol{X}_i$ 及其对应的变异个体 $\boldsymbol{X}_{im}$ 之间进行交叉操作，得到第 i 个交叉个体 $\boldsymbol{X}_{ic}$：

$$X_{ic} = \begin{cases} X_i, & cr_i > c \text{ 且 } i \neq nc \\ X_{im}, & \text{其他} \end{cases} \tag{4-8}$$

式中，c 为交叉系数，为 $0 \sim 1$ 之间的常值；cr_i 为 $0 \sim 1$ 之间的随机数；nc 为 $1 \sim n$ 之间的某个整数，对于一个个体随机选取一次。$cr_i > c$ 且 $i \neq nc$ 可以保证变异个体 X_{im} 中至少有一个设计变量赋给交叉个体 $\boldsymbol{X}_{ic}$。

（5）边界条件处理。获得所有个体对应的交叉个体后，检查交叉个体是否满足边界条件约束和线性不等式约束，若某个交叉个体 $\boldsymbol{X}_{ic}$ 不满足边界条件约束或线性不等式约束，则由下式重新生成 $\boldsymbol{X}_{ic}$，直到 $\boldsymbol{X}_{ic}$ 满足边界条件约束和线性不等式约束：

$$\boldsymbol{X}_{ic} = \boldsymbol{X}_{\min} + \boldsymbol{R}_i(\boldsymbol{X}_{\max} - \boldsymbol{X}_{\min}) \tag{4-9}$$

（6）选择。计算交叉个体 $\boldsymbol{X}_{ic}$ 对应的等效约束函数值 p_{ic} 和目标函数值 f_{ic}，并决定交叉个体 $\boldsymbol{X}_{ic}$ 是否替代当前个体 $\boldsymbol{X}_i$ 成为下一代个体。

若交叉个体 $\boldsymbol{X}_{ic}$ 优于当前个体 $\boldsymbol{X}_i$，则将交叉个体 $\boldsymbol{X}_{ic}$ 及其对应的等效约束函数值 p_{ic} 和目标函数值 f_{ic} 赋给 $\boldsymbol{X}_i$，p_{ic} 和 f_{ic}。按以上步骤生成下代种群中的全部个体，并选出下代种群中的最优个体。

（7）循环。重复进行步骤（3）～（6），使优化持续进行，直到满足终止条件时，停止优化。

4.2.3　PSO 粒子群优化算法

粒子群优化算法（PSO）于 1995 年由 Eberhart 与 Kennedy 共同提出[161]。粒子群优化算法的核心是利用群体中个体的信息交流，使得整个群体的运动在求解空间中产生比较有序的演化过程，从而获得问题的最优解。

PSO 算法是一种群体智能进化算法，群体的基本单元定义为"粒子"，每个粒子在迭代算法的每一步都有对应的"位置"与"速度"，即其在多维参数空间中的坐标以及坐标随迭代而转移的速率。在初始过程中，PSO 的种群数量和最大迭代步数由人为设定，粒子的位置与速度则随机设定。在每个迭代步，首先要确定现有粒子的适应度，找出当前拥有最佳适应度的粒子 $\boldsymbol{X}_{\text{best}}^g$，并比较该粒子与之前所有迭代步骤下的具有最佳适应度的粒子，选出整个迭代过程中具有最优适应度的粒子 $\boldsymbol{X}_{\text{best}}$；每个粒子的速度随着 $\boldsymbol{X}_{\text{best}}^g$ 与 $\boldsymbol{X}_{\text{best}}$ 变化而变化，增加量为沿这两个位置矢量方向上的速度差 $\Delta\boldsymbol{V}$；改变每个粒子的速度 $\boldsymbol{V}$ 之后，按照速度改变粒子的位置 $\boldsymbol{X}$，并重新评估新位置的粒子的适应度，继续下一个迭代步直到达到终止条件。

粒子更新速度的公式如下：

$$\boldsymbol{V}_i^{g+1} = \omega\boldsymbol{V}_i^g + c_1 r_1(\boldsymbol{X}_{\text{best}}^g - \boldsymbol{X}_i^g) + c_2 r_2(\boldsymbol{X}_{\text{best}}^g - \boldsymbol{X}_i^g) \tag{4-10}$$

粒子更新位置的公式如下：

$$\boldsymbol{X}_i^{g+1} = \boldsymbol{X}_i^g + \boldsymbol{V}_i^g \qquad (4-11)$$

式中，$\boldsymbol{V}$、$\boldsymbol{X}$ 分别代表粒子的速度与位置；上标 g 代表迭代步数；i 代表粒子的序号；r_1、r_2 为取值在 $[0,1]$ 区间的随机数；参数 ω 为惯性因子，控制在每个迭代步中粒子速度变化的程度，用于平衡算法的全局与局部寻优能力，ω 越小，全局寻优能力越强，局部寻优能力越差；c_1、c_2 为学习因子，平衡基于当前最优和过程最优的两种学习方式，用于提高粒子逼近最优解的能力，c_1、c_2 的值过小会使粒子沿远离最优解的方向运动，过大会使粒子过快地向最优解集中。增大种群数量与迭代步数，可以提升优化效果，但计算时间会加长。

PSO 算法的流程图如图 4－4 所示。

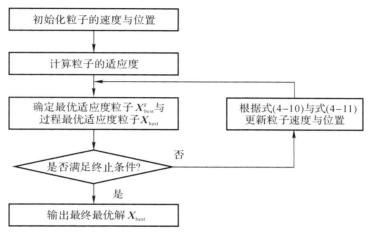

图 4－4　PSO 算法流程图

粒子群优化作为一种智能优化算法，能同时兼顾全局与局部寻优，被广泛应用于智能设计、多目标优化、参数设计等方面。但是，PSO 也存在一些不足，如在最优解附近不易收敛。

4.3　直接优化设计框架

4.3.1　直接优化流程

直接优化设计方法即采用优化算法直接调用 CFD 流场求解程序进行搜索最佳气动外形。直接优化方法如图 4－5 所示，这种方法的好处是简单且容易实现。但是，由于调用 CFD 进行气动特性评估比较耗时，造成直接优化设计非常耗时。优化算法包括基于梯度的局部优化算法、差分进化和遗传算法等全局进化算法。为了使得气动优化的计算时间在可接受范围内，当前大多是采用基于梯度的算法调用 CFD 软件进行气动外形优化设计。但是，基于梯度的优化算法是局部搜索方法，很容易使得优化陷入局部最优值，且设计结果比较依赖于初始点的选择。

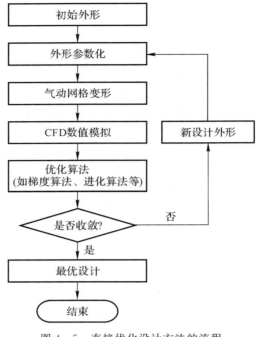

图 4-5　直接优化设计方法的流程

4.3.2　伴随方法

梯度优化算法借助目标函数关于设计变量的导数来构造搜索方向,实现对目标函数的寻优。有限差分法是目前梯度优化算法中求解梯度最为简单的方法,即通过对设计变量进行摄动,再将计算得到的目标函数的摄动量除以设计变量的摄动量求解梯度。这种方法不但精度依赖于摄动量的选取,并且当设计变量个数较多时计算量会成倍增加。除了有限差分法外,还可以通过理论推导计算目标函数的梯度,如直接法和伴随方法(adjoint method)。直接法的计算效率也取决于设计变量的维数,当设计变量的个数较多时,直接法的计算量会成倍增加。伴随方法由于只需要通过一次流场求解器和一次伴随方程的求解就能得出目标函数关于所有设计变量的梯度,从而解决了"维数灾难"问题,使得基于伴随的梯度优化算法在工程中得到了越来越广泛的应用[163-165]。

伴随方法也被称为基于控制理论方法[166],按照对象是连续控制方程还是离散控制方程,伴随方法分为连续伴随方法和离散伴随方法。连续伴随方法由于在求解前先要对方程进行离散化,因此其求解精度可能要弱于离散伴随方法。Pironneau 首先将基于控制理论的伴随方法应用到气动外形优化设计[167]。而后,Jameson 等人提出了用基于 Euler 方程的伴随方法解决跨声速气动外形优化设计问题[168-169]。随后,由 Jameson 等人[170]与 Anderson 等人[171]拓展到非结构网格下的 N-S 方程中,用来获取复杂外形的黏性作用。Nielsen 等人[172]发展了一套基于非结构网格下雷诺平均 N-S 方程(RANS)的离散伴随求解器,并以此方法获得了一种高升力气动布局。Mavriplis[173-174]使用离散伴随方法开展了三维机翼的减阻设计。在非定常气动外形优化方面,Kim 等人[175]使用非定常伴随方法开展了近失速状态下的增升设计。

Nadarajah 与 Jameson 使用该方法进行直升机旋翼前飞非定常气动优化设计[176]。Lee 等人发展了一套非定常离散伴随方法的代码,并将其应用于扑翼的优化,取得了不错的效果[177]。另外,得益于计算流体动力学的发展,基于伴随的气动外形优化设计还广泛地应用于叶轮机[178-179]及减噪[180-181]等领域。

在翼型优化设计中设计变量为 α,目标函数 J 往往为气动力系数(如阻力系数 C_d),其可表示为流场变量 $u(\alpha)$ 的函数,通过链式求导法则,目标函数关于设计变量 α 的导数可表示为

$$\frac{\mathrm{d}J}{\mathrm{d}\alpha} = \frac{\partial J}{\partial \alpha} + \frac{\partial J}{\partial u}\frac{\partial u}{\partial \alpha} \tag{4-12}$$

为了求出 $\dfrac{\partial u}{\partial \alpha}$,考虑控制流动控制方程 $R[u(\alpha),\alpha]=0$,将其线性化得

$$\frac{\partial R}{\partial u}\frac{\partial u}{\partial \alpha} = -\frac{\partial R}{\partial \alpha} \tag{4-13}$$

式中,R 表示残值;$\dfrac{\partial R}{\partial u}$ 是 $N \times N$(N 为流场维度)阶的矩阵,可通过求解一次线性方程组得到 $\dfrac{\partial u}{\partial \alpha}$。假设存在 N 维列向量 $\boldsymbol{\Lambda}$ 满足

$$\frac{\partial R}{\partial u}\boldsymbol{\Lambda} = -\frac{\partial J}{\partial u} \tag{4-14}$$

由式(4-14),得到

$$\boldsymbol{\Lambda}^{\mathrm{T}} = -\frac{\partial J}{\partial u}\left(\frac{\partial R}{\partial u}\right)^{-1} \tag{4-15}$$

所以

$$\frac{\partial J}{\partial \alpha} + \boldsymbol{\Lambda}^{\mathrm{T}}\frac{\partial R}{\partial \alpha} = \frac{\partial J}{\partial \alpha} - \frac{\partial J}{\partial u}\left(\frac{\partial R}{\partial u}\right)^{-1}\frac{\partial R}{\partial \alpha} \tag{4-16}$$

又由式(4-13),得到

$$-\left(\frac{\partial R}{\partial u}\right)^{-1}\frac{\partial R}{\partial \alpha} = \frac{\partial u}{\partial \alpha} \tag{4-17}$$

联立式(4-12)、式(4-16) 和式(4-17),得到

$$\frac{\mathrm{d}J}{\mathrm{d}\alpha} = \frac{\partial J}{\partial \alpha} + \boldsymbol{\Lambda}^{\mathrm{T}}\frac{\partial R}{\partial \alpha} \tag{4-18}$$

从式(4-14) 可以看出,只需先求解一次线性方程组得到向量 $\boldsymbol{\Lambda}$,就可以通过式(4-18)求出目标函数 J 关于任意个设计变量 α 的梯度,由于式(4-18)主要是向量相乘运算,其所耗时间是可以忽略不计的。因此,原来需要求解 N_α 个线性方程组的问题,现在只需求解一次线性方程组,即伴随方程式(4-14)。

伴随方程的求解可采用与流场求解类似的时间推进格式,需要注意的是:式(4-18)中 $\partial J/\partial \alpha$ 和 $\partial R/\partial \alpha$ 的计算需要依赖相应的动网格方法和翼型参数化方法,网格变形可采用基于径向基函数的非结构混合网格变形方法,CST 参数化方法用来对翼型进行拟合。

为了验证伴随方法的正确性,下面给出 NACA0012 翼型(翼型拟合选取 12 个 CST 参数)在马赫数 0.75 和攻角 2°条件下,分别使用伴随方法和差分法求得阻力系数对 CST 翼型参数的梯度。从图 4-6 可以看出两种方法所求的梯度还是相当吻合的,差分法需要调用 24 次 CFD,而伴随方法只需调用 1 次 CFD 和求解一次伴随方程。

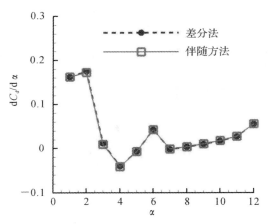

图 4-6 伴随方法与差分法所求的阻力系数梯度对比图

4.3.3 基于伴随方法的气动优化设计

外形优化设计的初始翼型为 NACA0012 翼型,计算网格如图 4-7 所示,物面网格总数为 300,网格单元总数为 13 490;选取马赫数 0.75 和攻角 2°作为设计状态;控制方程采用 Euler 方程,数值通量方法为 Jameson 中心格式;初始升力系数 $C_{l0} = 0.418$,初始阻力系数 $C_{d0} = 1.159 \times 10^{-2}$,设计变量选取 12 个 CST 参数(上、下翼型各 6 个)。

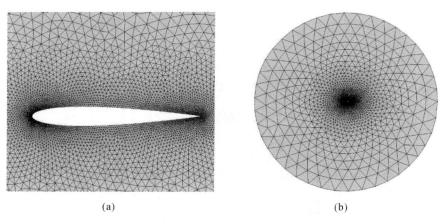

(a)   (b)

图 4-7 NACA0012 无粘绕流计算网格示意图

(a)翼型附近网格; (b)全局网格

约束条件:升力系数 C_l 不小于初始升力系数(C_{l0}),翼型面积(A)不小于 0.9 倍初始面积 A_0,则优化模型构建如下:

$$\left. \begin{array}{ll} \min & C_d(x_1, x_2, \cdots, x_{12}) \\ \text{s. t.} & C_l(x_1, x_2, \cdots, x_{12}) \geqslant C_{l0} \\ & A(x_1, x_2, \cdots, x_{12}) \geqslant 0.9A_0 \\ & \boldsymbol{x}_{\text{L}} \leqslant \boldsymbol{x} \leqslant \boldsymbol{x}_{\text{U}} \end{array} \right\} \qquad (4-19)$$

对于有约束优化问题,采用罚函数法进行优化。优化过程的迭代曲线如图 4-8 所示,优化结果为 $C_l = 0.418, C_d = 6.0 \times 10^{-4}$。图 4-9 和图 4-10 给出优化前后的翼型、C_p 对比情况。通过对比可以看出,与优化前相比升力系数略微上升,阻力系数下降了约 95%;翼型最大厚度后移,前缘变薄,下翼型变化很小,面积略微减小。从 C_p 图可看出原翼型上方有很强的激波,而优化过后激波明显变弱。

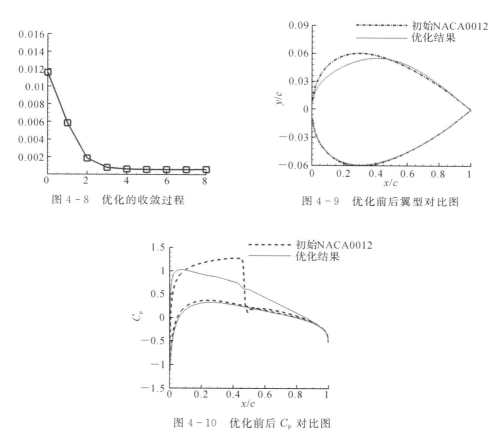

图 4-8　优化的收敛过程　　　　　图 4-9　优化前后翼型对比图

图 4-10　优化前后 C_p 对比图

4.4　基于代理模型的优化设计框架

所谓代理模型,通常是指在优化过程中可替代 CFD 仿真的模型,具有计算量小且计算结果相近的特点,也称为响应面模型、近似模型。基于代理模型的优化设计方法是将代理模型技术与全局优化算法相结合的一种优化设计方法,采用模型替代技术建立与 CFD 等效的近似数学模型,进而通过优化算法调用该近似模型进行优化设计。基于代理模型的优化方法不仅可以大幅提高优化设计的效率,而且还可以降低优化的难度,有利于滤除数值噪声等。

下面分别对代理模型的概念、构造过程,常用的两种模型——Kriging 模型和神经网络模型,以及基于代理模型的优化设计框架进行详细介绍。

4.4.1　代理模型

在基于代理模型优化方法中,如何构造代理模型至关重要。构造代理模型一般需要三个步骤:首先用某种实验设计方法产生样本点,然后利用计算模型对这些样本点进行计算分析,最后选择合适的近似数学模型来构造出代理模型。图 4-11 简单说明了代理模型生成过程。

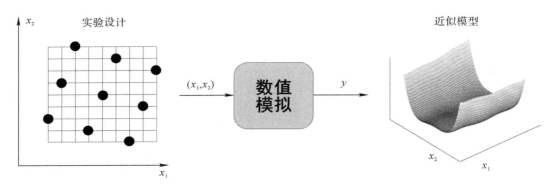

图 4-11　代理模型生成过程

目前,有各种各样的代理模型应用于气动形状优化,例如,Kriging 模型、神经网络、多项式响应面、支持向量机和本征正交分解等。下面介绍两种常用的代理模型:Kriging 模型和RBF 神经网络模型。

1. Kriging 模型

Kriging 模型由南非金矿工程师 Daniel Krige 提出,并应用于地理学的空间场预测。Kriging 模型从随机过程与数理统计理论出发,模型的输入-输出关系被视为一种多维的随机过程,即随机场。在模型中不仅考虑被估计点的位置与已知点位置的相互关系,同时也考虑变量间的空间相关性。

Kriging 模型可以表示为如下形式:

$$Y(\boldsymbol{x}) = z(\boldsymbol{x}) + \varepsilon(\boldsymbol{x}) \tag{4-20}$$

式中,$Y(\boldsymbol{x})$ 是实际的输入-输出模型;$Z(\boldsymbol{x})$ 为回归模型,往往被设计为一组函数的线性组合;$\varepsilon(\boldsymbol{x})$ 是对 $Z(\boldsymbol{x})$ 的模型误差以及测量噪声污染的修正。$\varepsilon(\boldsymbol{x})$ 是零均值,方差为 σ^2 的随机过程。$z(\boldsymbol{x})$ 的表达式如下:

$$z(\boldsymbol{x}) = f(\boldsymbol{x})^{\mathrm{T}} \boldsymbol{\beta} \tag{4-21}$$

通常通过最小二乘法获得函数对应的权重。

对应的协方差为

$$\mathrm{Cov}[z(\boldsymbol{x}_1), z(\boldsymbol{x}_2)] = \sigma^2 R(\theta, \boldsymbol{x}_1, \boldsymbol{x}_2) \tag{4-22}$$

式中,R 为相关性函数;θ 为内部的超参数。

假设有训练集 $\boldsymbol{D} = \{(\boldsymbol{x}_i, y_i) \mid i = 1, 2, \cdots, n\} = (\boldsymbol{X}, \boldsymbol{y})$,其中 $\boldsymbol{x}$ 为 d 维输入矢量;$\boldsymbol{X}$ 为 $d \times n$ 阶输入矩阵;$\boldsymbol{y}$ 为 n 个输出组成的矢量。

实际训练过程中,通过公式推导可以得到下列方程组:

$$\left.\begin{array}{l} \displaystyle\sum_{j=1}^{n} \beta_j R(\boldsymbol{x}_i , \boldsymbol{x}_j) + \frac{\mu}{2\sigma^2} = R(\boldsymbol{x}_i , \boldsymbol{x}) \\ \displaystyle\sum_{j=1}^{n} \beta_j = 1 \end{array}\right\} \qquad (4-23)$$

写成矩阵形式为

$$\begin{bmatrix} \boldsymbol{R} & \boldsymbol{F} \\ \boldsymbol{F}^{\mathrm{T}} & 0 \end{bmatrix} \begin{bmatrix} \boldsymbol{\beta} \\ \widetilde{\boldsymbol{\mu}} \end{bmatrix} = \begin{bmatrix} \boldsymbol{r} \\ 1 \end{bmatrix} \qquad (4-24)$$

式中，$\boldsymbol{F} = \begin{bmatrix} 1 & 1 & \cdots & 1 \end{bmatrix}^{\mathrm{T}}$，$\widetilde{\boldsymbol{\mu}} = \boldsymbol{\mu}/(2\sigma^2)$，

$$\boldsymbol{R} = \begin{bmatrix} R(\boldsymbol{x}_1 , \boldsymbol{x}_1) & \cdots & R(\boldsymbol{x}_1 , \boldsymbol{x}_n) \\ \cdots & & \cdots \\ R(\boldsymbol{x}_n , \boldsymbol{x}_1) & \cdots & R(\boldsymbol{x}_n , \boldsymbol{x}_n) \end{bmatrix}, \quad \boldsymbol{r} = \begin{bmatrix} R(\boldsymbol{x}_1 , \boldsymbol{x}) \\ \cdots \\ R(\boldsymbol{x}_n , \boldsymbol{x}) \end{bmatrix} \qquad (4-25)$$

式中，$\boldsymbol{R}$ 为相关矩阵，由所有已知样本点之间的相关函数值组成；$\boldsymbol{r}$ 为相关矢量，由未知点与所有已知样本点之间的相关函数值组成。求解线性方程组式(4-23)，可得 Kriging 模型预估值为

$$\hat{\boldsymbol{y}}(\boldsymbol{x}) = \begin{bmatrix} \boldsymbol{r}(\boldsymbol{x}) \\ 1 \end{bmatrix}^{\mathrm{T}} \begin{bmatrix} \boldsymbol{R} & \boldsymbol{F} \\ \boldsymbol{F}^{\mathrm{T}} & 0 \end{bmatrix}^{-1} \begin{bmatrix} \boldsymbol{y}_s \\ 0 \end{bmatrix} \qquad (4-26)$$

2. 基于 RBF 神经网络模型

神经网络中最基本的成分是神经元模型，目前所用的简单模型为如图 4-12 所示的"M-P 神经元模型"。在这个模型中，神经元接收到来自若干个其他神经元传递过来的输入信号，这些输入信号通过带权重的连接进行传递，神经元接收到的总输入值将与神经元的阈值进行比较，然后通过激活函数处理以产生神经元的输出。将众多的神经元按照一定的层次结构通过权值连接起来即得到神经网络。

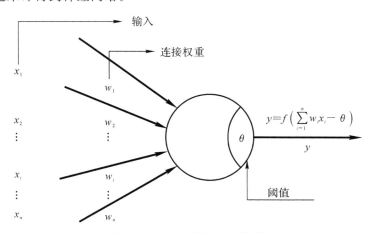

图 4-12 M-P 神经元模型

神经网络适合对多输入、多输出、非线性关系进行建模，常用的神经网络有反向传播(Back Propagation，BP)神经网络、径向基(Radical Basis Function，RBF)神经网络和卷积神经网络等等。这里主要介绍 RBF 神经网络，如图 4-13 所示，RBF 神经网络主要分为三层：第一层为输入层，其输入维度由样本决定；第二层为隐含层，由隐单元的变换函数完成非线性变换，

隐单元的变换函数常采用高斯函数;第三层为输出层,网络的输出是隐含层输出的线性加权,对于径向基神经网络,从输入层到隐含层之间的变换是非线性的,而从隐含层到输出空间的变换是线性的。

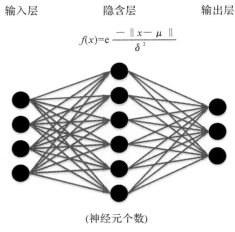

$$f(x) = e^{\dfrac{-\|x-\mu\|}{\delta^2}}$$

图 4-13　径向基神经网络结构图

RBF 神经网络有很强的非线性拟合能力,可映射任意复杂的非线性关系,以任意精度逼近任意的非线性函数,具有全局逼近能力,而且还具有很强的鲁棒性、记忆能力以及强大的自学习能力。理论上已经证明,RBF 神经网络在隐层神经元足够多的情况下,经过充分学习,可以任意精度逼近任意非线性函数,而且具有最优函数逼近能力。不同的激励函数,逼近性能也不相同。在几类激励函数中,高斯基函数比其他激励函数有一定的优势:①高斯函数形式简单,即使对于多变量输入也不增加太大的复杂性。②光滑性好,任意阶导数存在,可以拟合出多维光滑超曲面。③高斯函数解析性好,便于进行理论分析。高斯函数如式(4-27)所示,其中 $\boldsymbol{x}_{c_i}$ 为高斯激活函数的中心,决定函数所在位置;σ 为激活函数的宽度,决定函数的形状。

$$s(\boldsymbol{x} - \boldsymbol{x}_{c_i}) = \exp\left(-\frac{1}{2\sigma^2}\|\boldsymbol{x} - \boldsymbol{x}_{c_i}\|^2\right) \tag{4-27}$$

使用径向基神经网络建模时,需要解决两个问题。第一个是神经元中心的选取。在样本量少的情况下,或者样本较为分散的情况下,可以将所有的样本作为神经元的中心;当样本数据量较大,存在一定的冗余时,需要通过聚类的方法去除样本中的冗余样本,聚类中心就可以作为神经元的中心进行建模。第二个是确定神经网络的权值。假设样本总数为 N,样本的输入维数为 n,$\boldsymbol{x}_i = [x_{i1} \quad \cdots \quad x_{in}]^{\mathrm{T}}$ 输出的维数为 m,神经元的中心为 $\boldsymbol{x}_{ci} = [x_{c1} \quad \cdots \quad x_{cn}]^{\mathrm{T}}$,中心个数为 l,求解公式如下:

$$
\begin{cases}
s_1(\boldsymbol{x}_1 - \boldsymbol{x}_{c_1})w_{11} + s_2(\boldsymbol{x}_1 - \boldsymbol{x}_{c_2})w_{21} + \cdots + s_l(\boldsymbol{x}_1 - \boldsymbol{x}_{c_l})w_{l1} + w_{(l+1)1} = y_{11} \\[2mm]
s_1(\boldsymbol{x}_1 - \boldsymbol{x}_{c_1})w_{12} + s_2(\boldsymbol{x}_1 - \boldsymbol{x}_{c_2})w_{22} + \cdots + s_l(\boldsymbol{x}_1 - \boldsymbol{x}_{c_l})w_{l2} + w_{(l+1)2} = y_{12} \\[2mm]
\qquad\qquad\qquad\qquad \cdots\cdots \\[2mm]
s_1(\boldsymbol{x}_1 - \boldsymbol{x}_{c_1})w_{1m} + s_2(\boldsymbol{x}_1 - \boldsymbol{x}_{c_2})w_{2m} + \cdots + s_l(\boldsymbol{x}_1 - \boldsymbol{x}_{c_l})w_{lm} + w_{(l+1)m} = y_{1m} \\[2mm]
\qquad\qquad\qquad\qquad \cdots\cdots
\end{cases}
$$

$$\begin{cases} s_1(\bm{x}_N - \bm{x}_{c_1})w_{11} + s_2(\bm{x}_N - \bm{x}_{c_2})w_{21} + \cdots + s_l(\bm{x}_N - \bm{x}_{c_l})w_{l1} + w_{(l+1)1} = y_{N1} \\ s_1(\bm{x}_N - \bm{x}_{c_1})w_{12} + s_2(\bm{x}_N - \bm{x}_{c_2})w_{22} + \cdots + s_l(\bm{x}_N - \bm{x}_{c_l})w_{l2} + w_{(l+1)2} = y_{N2} \\ \qquad\qquad\qquad\qquad\qquad \cdots\cdots \\ s_1(\bm{x}_N - \bm{x}_{c_1})w_{1m} + s_2(\bm{x}_N - \bm{x}_{c_2})w_{2m} + \cdots + s_l(\bm{x}_N - \bm{x}_{c_l})w_{lm} + w_{(l+1)m} = y_{Nm} \end{cases}$$

将上式写成闭合的形式为 $\bm{SW} = \bm{Y}$，其中

$$\bm{S} = \begin{bmatrix} s_1(\bm{x}_1 - \bm{x}_{c_1}) & s_2(\bm{x}_1 - \bm{x}_{c_2}) & \cdots & s_l(\bm{x}_1 - \bm{x}_{c_l}) & 1 \\ s_1(\bm{x}_2 - \bm{x}_{c_1}) & s_2(\bm{x}_2 - \bm{x}_{c_2}) & \cdots & s_l(\bm{x}_2 - \bm{x}_{c_l}) & 1 \\ \vdots & \vdots & & \vdots & \\ s_1(\bm{x}_N - \bm{x}_{c_1}) & s_2(\bm{x}_N - \bm{x}_{c_2}) & \cdots & s_l(\bm{x}_N - \bm{x}_{c_l}) & 1 \end{bmatrix}$$

$$\bm{W} = \begin{bmatrix} w_{11} & w_{12} & \cdots & w_{1m} \\ w_{21} & w_{22} & \cdots & w_{2m} \\ \vdots & \vdots & & \vdots \\ w_{l1} & w_{l2} & \cdots & w_{lm} \\ w_{(l+1)1} & w_{(l+1)2} & \cdots & w_{(l+1)m} \end{bmatrix}$$

$$\bm{Y} = \begin{bmatrix} y_{11} & y_{12} & \cdots & y_{1m} \\ y_{21} & y_{22} & \cdots & y_{2m} \\ \vdots & \vdots & & \vdots \\ y_{N1} & y_{N2} & \cdots & y_{Nm} \end{bmatrix}$$

所以有 $\bm{W} = \bm{S}^{-1}\bm{Y}$，当 $\bm{S}$ 不是方阵时，取 $\bm{S}$ 的广义逆矩阵，即可求解出权重系数矩阵。构建神经网络模型的设置如下：

(1)选定三层径向基神经网络。

(2)基函数选用高斯函数。

(3)输入层神经元个数等于样本输入参数个数。

(4)输出层神经元个数等于样本输出参数个数。

(5)隐含层的神经元个数根据不同的建模数据视情况而定。

RBF 神经网络建模算法步骤如下：

(1)获取输入样本的参数个数，设定隐含层的神经元个数。

(2)计算隐含层神经元的偏置值。

(3)计算高斯函数的输出值，即隐含层的输出。

(4)计算隐含层与输出层之间的连接权重以及神经元的输出偏置值。

(5)构建径向基神经网络预测函数，得到预测输出。

4.4.2 基于离线抽样的代理模型优化

实验设计可以实现合理抽取训练样本，它对最终构建的代理模型的精度起着举足轻重的作用。常见的抽样方法有正交实验设计、中心复合实验设计、均匀实验设计和拉丁超立方 (Latin Hypercube Sampling，LHS)实验设计等。在实际应用中，应根据不同的问题选择适当的抽样方法。这里仅对拉丁超立方实验设计方法进行介绍。

设有 M 个设计变量，LHS 取样分为 N 个区间，则设计空间分为 M^N 个子区域。LHS 样本点可依据下式产生：

$$x_j^{(i)} = \frac{\pi_j^{(i)} + U_j^{(i)}}{N} \qquad (4-28)$$

其中，上标 i 表示样本序号，下标 j 表示变量序号，$0 \leqslant j \leqslant M$，$0 \leqslant i \leqslant N$；$U$ 为 $[0,1]$ 之间的随机数；π 为 $0,1,\cdots,N-1$ 的随机排列，$\pi_j^{(i)}$ 决定了 $x_j^{(i)}$ 在哪个区间；$U_j^{(i)}$ 决定在区间的哪个位置。

根据实验设计抽取样本后，构建代理模型，并对代理模型的精度进行验证。在模型精度得到验证后，就可以采用全局优化算法对代理模型进行优化设计。众所周知，基于代理模型的优化方法，其主要计算量花费在建模上，优化效果很大程度上依赖于所构建的代理模型精度，然而构建整个设计空间上全局的高精度代理模型是比较困难的。

以 NACA0012 为例，定常流场求解是在课题组编写的流场求解程序 GFSI 上进行的，流场网格采用 NACA0012 翼型的 C 型网格，如图 4-14 所示，网格分为两块，分别为 300×150 和 100×150 的网格。流场网格的变形采用 RBF 网格变形技术。图 4-15 给出了基于离线抽样的代理模型优化，可以看出随着用于训练代理模型的样本点数的增加，优化的结果越好，优化的外形激波阻力越小。

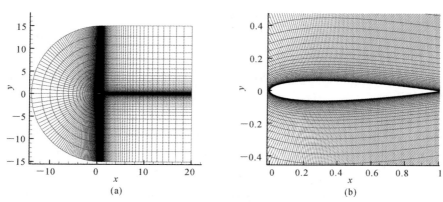

图 4-14　NACA0012 计算网格

（a）全局网格；　（b）局部网格

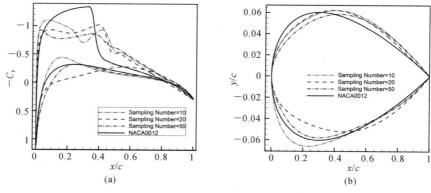

图 4-15　基于离线抽样的代理新模型优化

（a）压力系数分布；　（b）翼型形状比较

4.4.3　基于自适应在线抽样的代理模型优化方法

基于自适应在线抽样的代理模型,不需要模型在整个设计空间具有较高精度,而是在优化过程中,自适应地在最优设计点附近更新代理模型,保证最优点附近的模型精度即可,最终通过对代理模型的迭代更新逼近最优解,这样可以在保证优化效果精度的同时,减少构建模型的样本点数[60]。基于自适应在线抽样的代理模型优化方法,其流程如图 4 − 16 所示,其优化过程可分为三步:①设计空间内通过抽样获取一定数量的样本点,并调用 CFD 仿真工具获取准确响应值,用于构建初始代理模型。②采用优化算法调用代理模型进行寻优,获取该初始模型所对应的最优设计点。③选择合适的加点准则,在最优设计点附近进行加点并进行 CFD 数值模拟,并添加到数据库中,用于更新代理模型。这样不断循环,直到优化收敛到局部或全局最优解。

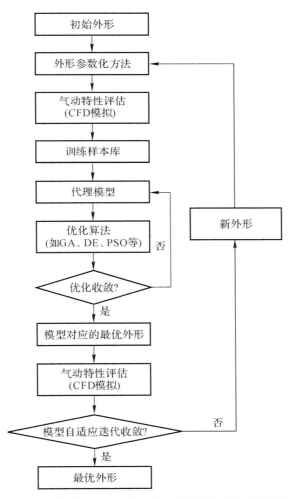

图 4 − 16　基于自适应在线抽样的代理模型气动优化流程

以 NACA0012 翼型为例,翼型网格如 4.4.2 小节图 4 − 14 所示,采用自适应在线抽样的代理模型优化方法进行跨声速减阻设计。图4-17给出了自适应在线抽样的代理新模型优化结果,可以看出该方法可以很大程度上降低翼型的激波阻力。表4-1给出了NACA0012翼型跨声速的离线抽样和自适应在线抽样的代理模型优化结果对比情况,可以看出相比于离线抽样方式,自适应在线抽样可以获取更好的优化设计效果。

表4-1 离线学习和自适应在线学习的优化结果对比情况

样本数	离线抽样			自适应在线抽样	原始翼型
	$n=10$	$n=20$	$n=50$	—	—
升力系数	0.410 4	0.408 9	0.404 0	0.410 1	0.410 0
阻力系数	0.010 9	0.010 8	0.010 4	0.010 3	0.017 3

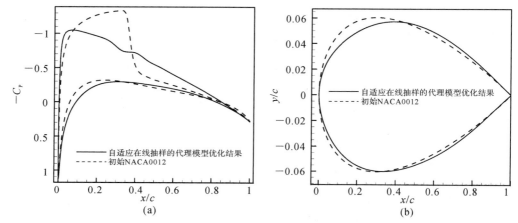

图4-17 自适应在线抽样的代理新模型优化结果

(a)压力系数分布; (b)翼型形状比较

4.5 本章小结

本章对气动外形优化设计的优化方法进行了详细介绍。首先,介绍了两类主流优化算法——梯度优化算法及启发式智能优化算法,并着重介绍了基于伴随方法的气动优化设计。其次,对基于代理模型的优化方法进行详细的阐述,介绍了代理模型原理、构造过程及常用的Kriging模型和RBF神经网络模型。最后,介绍了基于离线抽样及自适应在线抽样的代理模型优化设计框架,并以NACA0012翼型为例进行气动优化设计。

第5章　跨声速气动特性的不确定性及全局灵敏度分析

飞行器设计和使用过程中,客观存在飞机本身参数、使用环境等诸多不确定性因素,导致出现飞机性能波动的现象,这可能会严重影响飞机的性能稳定性和飞行安全性。因此,在飞行器设计阶段,关注不确定性因素对飞行器性能的影响,即进行不确定性分析,显得尤为重要。此外,人们还关注不确定性因素的重要性排序,也就是需要进行气动特性的灵敏度分析。

本章采用非嵌入式混沌多项式方法进行跨声速气动特性的不确定性及全局灵敏度分析,分析气动特性波动的原因,并通过全局灵敏度分析找出影响流场性能波动的主要因素。

5.1　不确定性因素

不确定性分析是定量地研究系统所面临的各种不确定性因素对系统输出性能的影响规律。不确定性分析主要是在不确定性参数的分布已知情况下,定量评估系统输出性能的统计规律。图5-1简单说明了确定性分析与不确定性分析的区别。此外,进行不确定性分析的前提是对不确定性的来源、描述及分类有清晰的认识。

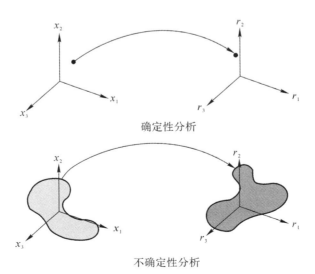

确定性分析

不确定性分析

图 5-1　确定性分析与不确定性分析区别

5.1.1 不确定性因素的来源及分类

传统的优化设计是在确定性条件下进行的,因此优化设计的结果也是确定性的。然而,在工程实际中,存在着广泛的不确定性因素,例如,材料属性、载荷大小、几何尺寸、操作环境和制造误差等,此外,优化数学模型的建模过程也会引入模型假设的不确定性,这些不确定性会给设计结果造成很大的偏差和风险。图 5-2 给出了不确定性因素的来源[182]。

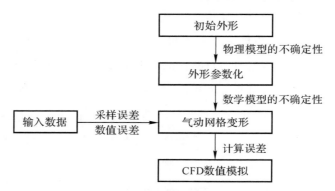

图 5-2 不确定性因素的来源[182]

由于不确定性因素的多样性和广泛性,为了更加准确地处理和度量不确定性,必须了解不确定性的分类。目前,最权威的不确定性分类为偶然不确定性和认知不确定性[183-184]。偶然不确定性是客观存在的,是随机的,它可以通过某种特定环境下的随机试验来获取其样本,而且随着试验次数的增加,不确定性因素的统计规律将逐渐清晰,即偶然不确定性被处理为随机变量。认知不确定性主要源于产品设计的初期阶段,在系统设备或物理过程等方面信息和知识匮乏引起的,将认知不确定性处理为模糊变量。两者的区别和联系为偶然不确定性不会随着认识的深入和数据的丰富而减少,而认知不确定性可以随着认识的深入和数据的丰富而减少,并可以转化成偶然不确定性。

5.1.2 不确定性因素的描述

目前,常用的三种用于描述不确定性的手段有区间分析、模糊集方法和概率分析方法,如图 5-3 所示。区间分析[185]是在区间数学的基础上发展起来的工程结构不确定性分析方法,它基于较少的数据(不确定性参数的上下界)就可以解决一系列不确定性问题并得到令人满意的结果[186-187]。模糊集方法则是基于模糊集合理论和模糊逻辑学的数学模型,利用模糊统计来研究不确定性,主要用来解决工程分析中的模糊性信息[188]。概率分析方法认为不确定性变量服从一定的概率密度分布(可由试验数据的统计分析获得),利用概率论和统计方法研究不确定性的传递规律[189]。由于概率统计发展最为成熟,理论最完善,这里将采用概率方法进行不确定性分析。利用基本变量和系统响应量之间的自然律,采用概率分析的手段进行不确定性分析,研究输入变量的统计特性是如何传递到系统响应量的[190]。

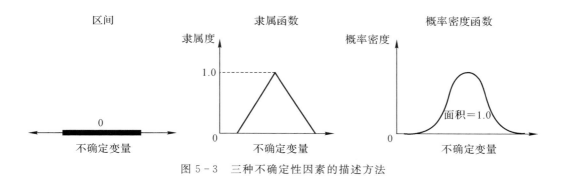

图 5-3　三种不确定性因素的描述方法

5.2　灵敏度指标

灵敏度分析可以评估每个不确定性变量对输出的贡献程度,从而得出哪些参数对模型或系统有较大影响。灵敏度分析通常用于模型建立、模型校准、模型检验、模型鉴定以及模型的简化等。灵敏度分析可以通过找出影响输出变化较大的输入参数,忽略不重要参数的随机性,达到简化模型的目的[191]。灵敏度分析可以分为局部灵敏度分析和全局灵敏度分析。

5.2.1　局部灵敏度

局部灵敏度反映名义值处输入参数对模型输出的影响,通常以名义值处的输出对输入的偏导数作为敏感性指标。局部灵敏度分析计算方便,在模型输入参数的变动范围较小、输出和输入为近似线性关系时,局部灵敏度具有较高精度。局部灵敏度分析方法主要包括有限差分法、直接求导法和格林函数法等。局部灵敏度的局限性:①只能计算出名义值上的灵敏度,不能考察整个参数变化范围内的整体影响;②模型的输入参数不能变化太大且模型非线性不能太强。对于这些局部灵敏度无法处理的情况,就需要进行全局灵敏度分析。

5.2.2　全局灵敏度

全局灵敏度一般通过遍历输入变量的整个分布区域并计算输入变量对输出不确定性的影响来衡量输入变量的相对重要度。常见的全局灵敏度分析方法有扫描法、微分法、方差灵敏度分析、矩独立灵敏度分析和随机森林等[192]。本节只对基于方差的灵敏度分析进行介绍,其他方法可参见文献[193]。

基于方差的全局灵敏度分析方法[194-197],即 Sobol 灵敏度指标分析,是目前应用最广泛的全局灵敏度分析方法。在方差灵敏度指标中,使用最广泛的是主指标与总指标。主指标反映输入变量对输出的单独贡献;总指标除了包含主指标以外,还可反映输入变量与其余变量的交叉贡献。这种基于方差的灵敏度分析方法有如下优点:

(1) 模型具有通用性;

(2) 能够实现每一个不确定性因素在整个波动范围内的影响;

（3）能够计算输入因素之间的交互作用以及组变量的影响；

（4）输入变量可以服从不同的分布类型。

方差灵敏度指标是建立在模型方差分解的基础上的。假设所考虑的模型输入-输出关系由函数 $Y=f(\boldsymbol{X})$ 来描述。其中，$\boldsymbol{X}=(X_1,X_2,\cdots,X_n)$ 表示 n 维随机输入变量，Y 表示模型的输出响应。根据高维模型描述，可将函数 $f(\boldsymbol{X})$ 唯一分解为

$$f=f_0+\Sigma_i f_i+\Sigma_i\Sigma_{j>i}f_{ij}+\cdots+f_{12\cdots n} \tag{5-1}$$

式中：

$$f_0=E(Y)$$
$$f_i=E(Y\mid X_i)-E(Y)$$
$$f_{ij}=E(Y\mid X_iX_j)-f_i-f_j-E(Y)$$
$$\cdots\cdots$$

模型输出 Y 可以分解为维数递增的 2^n 个函数的叠加。对方程式(5-1)两边求方差，可得

$$V(Y)=\Sigma_i V_i+\Sigma_i\Sigma_{j>i}V_{ij}+\cdots+V_{12\cdots n} \tag{5-2}$$

其中

$$V_i=V[E(Y\mid X_i)]$$
$$V_{ij}=V[E(Y\mid X_iX_j)]-V_i-V_j \tag{5-3}$$
$$\cdots\cdots$$

式(5-2)两边除以 $V(Y)$，得到

$$\Sigma_i S_i+\Sigma_i\Sigma_{j>i}S_{ij}+\cdots+S_{12\cdots n}=1 \tag{5-4}$$

其中，S_i 是灵敏度主指标，衡量了第 i 个输入变量 X_i 对输出总方差的单独贡献，也可称之为主贡献；S_{ij}，S_{ijk}，$\cdots$，$S_{12\cdots n}$ 为输入变量间的交叉贡献。灵敏度主指标可以表示为单个输入变量条件下输出响应条件期望的方差与总方差之比：

$$S_i=\frac{V[E(Y\mid X_i)]}{V(Y)} \tag{5-5}$$

另外一个常用的灵敏度指标是灵敏度总指标。总指标 S_{Ti} 等于式(5-4)左端所有下标包含 i 的分项之和，S_{Ti} 可由下式表示：

$$S_{Ti}=S_i+\sum_{j=1,i\neq j}^n S_{ij}+\cdots+S_{12\cdots n}=1-S_{\sim i} \tag{5-6}$$

其中

$$S_{\sim i}=\frac{V[E(Y\mid \boldsymbol{X}_{\sim i})]}{V(Y)} \tag{5-7}$$

式中，$\boldsymbol{X}_{\sim i}$ 含义为除 X_i 以外的所有输入变量。那么，灵敏度总指标可由下式给出：

$$S_{Ti}=\frac{V_{Ti}}{V(Y)}=\frac{V(Y)-V[E(Y\mid \boldsymbol{X}_{\sim i})]}{V(Y)}=\frac{E[V(Y\mid \boldsymbol{X}_{\sim i})]}{V(Y)} \tag{5-8}$$

V_i 衡量了固定第 i 个输入变量 X_i 所引起的平均方差的减小量。S_i 越大，X_i 对输出方差的贡献程度就越大。类似地，V_{Ti} 可解释为当 $\boldsymbol{X}_{\sim i}$ 被固定于分布区间内的点时，输出方差的平均剩余量。S_{Ti} 越小，X_i 对输出方差的总贡献越小。

5.3　不确定性及灵敏度分析方法

不确定性分析可以定量地评估系统输入的不确定性对输出统计特征的传递。全局灵敏度指标分析全面分析输入变量对输出响应的影响程度。本节重点介绍两种不确定性及全局灵敏度分析方法 —— 蒙特卡洛模拟方法和混沌多项式方法。

5.3.1　蒙特卡洛模拟方法(Monte Carlo Simulation,MCS)

蒙特卡洛模拟方法[198] 是一种最常见的抽样方法,具体做法是利用重复的统计试验求解响应的统计特征。利用蒙特卡洛方法进行不确定性分析具体包括下面三个步骤:

(1) 假设不确定性变量服从特定的分布,随机抽取 N 个样本点 $\boldsymbol{x}_{(i)}(i=1,2,\cdots,N)$。

(2) 针对每一个样本点进行确定性分析,从而获取样本的响应值 $f(\boldsymbol{x}_{(i)})$。

(3) 对响应样本进行统计分析,由下式求取均值的估计:

$$\hat{\mu}_f = \frac{1}{N_s}\sum_{i=1}^{N} f(\boldsymbol{x}_{(i)}) \tag{5-9}$$

响应量的方差:

$$\hat{\sigma}_f^2 = \frac{1}{N-1}\sum_{i=1}^{N}\left[f(\boldsymbol{x}_{(i)}) - \hat{\mu}_f\right]^2 \tag{5-10}$$

由大数定律可知,当 $N \to \infty$ 时,μ_f 和 σ_f^2 的估计值依概率收敛于真值,为无偏估计。

$$\hat{\mu}_f \xrightarrow{P} \mu_f, \quad \hat{\sigma}_f^2 \xrightarrow{P} \sigma_f^2 \tag{5-11}$$

采用蒙特卡洛方法进行灵敏度主指标及总指标的计算方法如下:

首先,产生一个 $(N,2k)$ 随机变量矩阵,其中 k 为输入变量的维数,N 为抽取样本数。将矩阵分成两个矩阵 $\boldsymbol{A}$ 和 $\boldsymbol{B}$:

$$\boldsymbol{A} = \begin{bmatrix} x_1^{(1)} & x_2^{(1)} & \cdots & x_i^{(1)} & \cdots & x_k^{(1)} \\ x_1^{(2)} & x_2^{(2)} & \cdots & x_i^{(2)} & \cdots & x_k^{(2)} \\ \vdots & \vdots & & \vdots & & \vdots \\ x_1^{(N-1)} & x_2^{(N-1)} & \cdots & x_i^{(N-1)} & \cdots & x_k^{(N-1)} \\ x_1^{(N)} & x_2^{(N)} & \cdots & x_i^{(N)} & \cdots & x_k^{(N)} \end{bmatrix}$$

$$\boldsymbol{B} = \begin{bmatrix} x_{k+1}^{(1)} & x_{k+2}^{(1)} & \cdots & x_{k+i}^{(1)} & \cdots & x_{2k}^{(1)} \\ x_{k+1}^{(2)} & x_{k+2}^{(2)} & \cdots & x_{k+i}^{(2)} & \cdots & x_{2k}^{(2)} \\ \vdots & \vdots & & \vdots & & \vdots \\ x_{k+1}^{(N-1)} & x_{k+2}^{(N-1)} & \cdots & x_{k+i}^{(N-1)} & \cdots & x_{2k}^{(N-1)} \\ x_{k+1}^{(N)} & x_{k+2}^{(N)} & \cdots & x_{k+i}^{(N)} & \cdots & x_{2k}^{(N)} \end{bmatrix}$$

将 $\boldsymbol{B}$ 矩阵中第 i 列换成 $\boldsymbol{A}$ 矩阵的第 i 列,构造矩阵 $\boldsymbol{C}_i$:

$$C_i = \begin{bmatrix} x_{k+1}^{(1)} & x_{k+2}^{(1)} & \cdots & x_i^{(1)} & \cdots & x_{2k}^{(1)} \\ x_{k+1}^{(2)} & x_{k+2}^{(2)} & \cdots & x_i^{(2)} & \cdots & x_{2k}^{(2)} \\ \vdots & \vdots & & \vdots & & \vdots \\ x_{k+1}^{(N-1)} & x_{k+2}^{(N-1)} & \cdots & x_i^{(N-1)} & \cdots & x_{2k}^{(N-1)} \\ x_{k+1}^{(N)} & x_{k+2}^{(N)} & \cdots & x_i^{(N)} & \cdots & x_{2k}^{(N)} \end{bmatrix}$$

根据 A、B 和 C_i 通过调用模型计算相应的输出：

$$y_A = f(A), \quad y_B = f(B), \quad y_{C_i} = f(C_i)$$

用 y_A、y_B 和 y_{C_i} 来计算灵敏度主指标，可得

$$S_i = \frac{V[E(Y \mid X_i)]}{V(Y)} = \frac{y_A \cdot y_{C_i} - f_0^2}{y_A \cdot y_A - f_0^2} = \frac{(1/N)\sum_{j=1}^{N} y_A^{(j)} y_{C_i}^{(j)} - f_0^2}{(1/N)\sum_{j=1}^{N} (y_A^{(j)})^2 - f_0^2} \tag{5-12}$$

灵敏度总指标由下式计算：

$$S_{T_i} = \frac{V[E(Y \mid X_{\sim i})]}{V(Y)} = 1 - \frac{y_B \cdot y_{C_i} - f_0^2}{y_A \cdot y_A - f_0^2} = 1 - \frac{(1/N)\sum_{j=1}^{N} y_B^{(j)} y_{C_i}^{(j)} - f_0^2}{(1/N)\sum_{j=1}^{N} (y_A^{(j)})^2 - f_0^2} \tag{5-13}$$

式中，$f_0^2 = \left(\dfrac{1}{N}\sum_{j=1}^{N} y_A^{(j)} \right)^2$。

MCS 方法是随机抽样方法，其不确定性及全局灵敏度分析的收敛效率很低，从而限制了其在工程实际中的应用。一般情况下，研究人员将 MCS 结果作为检验其他不确定性分析方法的近似精确解。下面介绍一种相对高效的分析方法——混沌多项式方法。

5.3.2 混沌多项式方法

混沌多项式方法最早源于 Wiener 各向同性混沌理论中的随机变量谱展开，用于湍流问题的研究[199]。20 世纪 90 年代，Ghanem 和 Spanos 将这种随机变量的谱展开用来刻画固体力学有限元分析中的不确定性因素，成功应用于工程结构力学中的各种问题[200]。20 世纪初，Xiu 和 Karniadakis[201] 将基于高斯随机变量的 Hermite 混沌多项式推广到 Askey 混沌多项式，并适用于更一般的随机变量概率分布（均匀分布、指数分布等），并首次应用于计算流体力学不确定性分析中。

混沌多项式的基本思想是用随机变量的正交混沌多项式之和来表示随机过程。将随机函数分解成确定和随机两部分，即

$$\alpha^*(x, \boldsymbol{\xi}) = \sum_{j=0}^{\infty} \alpha_j(x) \Psi_j(\boldsymbol{\xi}) \approx \sum_{j=0}^{P} \alpha_j(x) \Psi_j(\boldsymbol{\xi}) \tag{5-14}$$

式中，$\alpha_j(x)$ 和 $\Psi_j(\boldsymbol{\xi})$ 分别表示第 j 阶模态的确定和随机部分；α^* 是确定独立变量 x 和 n 维随机变量 $\boldsymbol{\xi} = (\xi_1, \xi_2, \cdots, \xi_n)$ 的函数；$\boldsymbol{\xi}$ 服从特定的概率分布。其实方程式（5-14）包括有无限阶模态，但现实中只能选取有限阶模态，混沌多项式展开总项数可由下式确定：

$$P + 1 = \frac{(n+p)!}{n! \; p!} \tag{5-15}$$

式中，n 是随机变量的维数；p 是混沌多项式的阶数。当随机变量服从高斯分布时，基函数 $\Psi_j(\xi)$ 可以表示为 Hermite 多项式。

混沌多项式方法的目的是求解系数 $\alpha_j(x)$。如何求解系数，目前主要有两种方法：回归方法和 Galerkin 投影方法。

首先，介绍采用回归方法求解系数 $\alpha_j(x)$。回归方法即采用最小二乘法求解方程 （5-14）的系数。线性方程组可写为

$$\alpha = (\boldsymbol{\Psi}^{\mathrm{T}}\boldsymbol{\Psi})^{-1} \cdot \boldsymbol{\Psi}^{\mathrm{T}} \cdot \alpha^* \tag{5-16}$$

式中，$\boldsymbol{\Psi}$ 可表示为 $\Psi_{ij} = \Psi_j(\xi^i)$，$i = 1, \cdots, N$；$j = 0, \cdots, P-1$。这种基于回归方法的混沌多项式方法的精度取决于所选取样本点，文献[195]指出最优的设计样本点数目为 $(p+1)^n$，文献[86]采用 $2(P+1)$ 个样本点即可获取比较好的拟合效果。为了研究样本点数目 N 对不确定性分析结果的影响，定义一个过采样参数 n_p，由下式给出：

$$n_p = \frac{N}{P+1} \tag{5-17}$$

Galerkin 投影方法即是利用基函数 $\Psi_j(\xi)$ 的正交特性，通过内积变换，解耦求解系数 $\alpha_j(x)$。

首先，对方程式（5-14）做如下变换：

$$\langle \alpha^*(x,\xi), \Psi_k(\xi) \rangle = \Big(\sum_{j=0}^{P} \alpha_j(x)\Psi_j(\xi), \Psi_k(\xi)\Big) \tag{5-18}$$

式中，$\langle \cdot \rangle$ 表示内积；函数 $f(\xi)$ 和 $g(\xi)$ 在区域 $\mathbf{R}$ 上的内积可表示为

$$\langle f(\xi), g(\xi) \rangle = \int_{\mathbf{R}} f(\xi)g(\xi)\rho(\xi)\mathrm{d}\xi \tag{5-19}$$

对于高斯分布的随机变量，基函数是 Hermite 正交多项式。

$$\langle \alpha^*(x,\xi), \Psi_k(\xi) \rangle = \alpha_k(x)\Psi_k^2(\xi) \tag{5-20}$$

进而可以推导出

$$\alpha_k(x) = \frac{\langle \alpha^*(x,\xi), \Psi_k(\xi) \rangle}{\Psi_k^2(\xi)} = \frac{1}{\Psi_k^2(\xi)}\int_R \alpha^*(x,\xi)\Psi_k(\xi)w(\xi)\mathrm{d}\xi \tag{5-21}$$

其中，多维的 Hermite 多项式可由下式表示：

$$H(\xi_{i1}, \cdots, \xi_{in}) = \mathrm{e}^{\frac{1}{2}\xi^{\mathrm{T}}\xi}(-1)^n \frac{\partial^n}{\partial\xi_1 \cdots \partial\xi_n}\mathrm{e}^{-\frac{1}{2}\xi^{\mathrm{T}}\xi} \tag{5-22}$$

概率密度函数 $\rho(\xi)$ 可由下式表示：

$$\rho(\xi) = \frac{1}{\sqrt{(2\pi)^n}}\mathrm{e}^{-\frac{1}{2}\xi^{\mathrm{T}}\xi} \tag{5-23}$$

根据抽样方式的不同，有两种方法求解方程式（5-21）——随机抽样方法和确定性抽样方法。随机抽样方法即采用 MCS、LHS 等方法通过随机抽样来计算式（5-21）的积分，这种随机抽样方法的一个缺点是收敛效率低。确定性抽样方法即是采用求解数值积分的方法求解式（5-21）的积分，例如采用 n 维的 Gaus-Hermite 积分，假设每一维选取 q 个积分点，那么式（5-21）可以转换为

$$\alpha_k = \frac{1}{\langle \Psi_k^2 \rangle}\sum_{i_1=1}^{q}\cdots\sum_{i_n=1}^{q} u(x_{i_1}, \cdots, x_{i_n})\Psi_k(x_{i_1}, \cdots, x_{i_n})\prod_{k=1}^{n}\rho_{i_k} \tag{5-24}$$

由式（5-24）可以看出，通过张量积将一维积分扩展到高维积分，其计算量为 $(p+1)^n$，p

为混沌多项式阶数,n 为维数。由此可知,相对于低维问题,这种基于积分的确定性抽样方法的效率要远高于随机抽样方法。但是,其计算量随着维数增加呈指数增长,所以,对于高维问题的计算效率也不高。

求解系数 $\alpha_j(x)$ 之后,通过下式即可求取前两阶统计矩:

$$E[X(\boldsymbol{\xi})] = \int_R X(\boldsymbol{\xi})W(\boldsymbol{\xi})\mathrm{d}\boldsymbol{\xi} = \alpha_0 \tag{5-25}$$

$$\sigma_{\mathrm{PC}}^2 = V\Big[\sum_{j=0}^{P-1}\alpha_j^2\boldsymbol{\Psi}_j(\boldsymbol{\xi})\Big] = \sum_{j=1}^{P-1}\alpha_j^2 E[\boldsymbol{\Psi}_j^2(\boldsymbol{\xi})] \tag{5-26}$$

为了求解全局灵敏度 Sobol 指标,推导基于混沌多项式的 Sobol 降维分析过程。具体的推导过程可参见文献[195]。这里,仅给出一些重要的方程:

$$\boldsymbol{\Psi}_\alpha(x) = \prod_{i=1}^{n}H_{\alpha_i}(x_i) \tag{5-27}$$

式中,$H_{\alpha_i}(x)$ 表示 α_i 阶 Hermite 多项式,α 表示指标数组,其定义具体由集合 $\wp$ 表示:

$$\wp_{i_1,\cdots i_s} = \left\{\boldsymbol{\alpha}: \frac{\alpha_k>0 \quad \forall k=1,2,\cdots,n, \quad k\in(i_1,\cdots,i_s)}{\alpha_k=0 \quad \forall k=1,2\cdots,n, \quad k\notin(i_1,\cdots,i_s)}\right\} \tag{5-28}$$

Sobol 降维表示为

$$f_{\mathrm{PC}}(x) = f_0 + \sum_{i=1}^{n}\sum_{\alpha\in\wp_i}f_\alpha\boldsymbol{\Psi}_\alpha(x_i) + \sum_{1\leqslant i<j\leqslant n}\sum_{\alpha\in\wp_{i,j}}f_\alpha\boldsymbol{\Psi}_\alpha(x_i,x_j) + \cdots +$$
$$\sum_{1\leqslant i_1<\cdots<i_s\leqslant n}\sum_{\alpha\in\wp_{i_1,\cdots,i_s}}f_\alpha\boldsymbol{\Psi}_\alpha(x_{i_1},\cdots,x_{i_s}) + \cdots + \sum_{\alpha\in\wp_{1,2,\cdots,n}}f_\alpha\boldsymbol{\Psi}_\alpha(x_1,\cdots,x_n) \tag{5-29}$$

可得出方差分解项:

$$V_{i_1,\cdots,i_s} = \sum_{\alpha\in R_{i_1},\cdots,i_s}f_\alpha^2 \tag{5-30}$$

基于混沌多项式的 Sobol 分析的过程由式(5-27)～式(5-30)给出。基于此便可以计算出 Sobol 灵敏度指标。

5.4 考虑飞行条件的气动特性的不确定性及灵敏度分析

本节研究飞行条件参数(如马赫数、攻角)的随机扰动对绕 NACA0012 翼型的气动特性的影响。计算状态为 $Re=3.0\times10^6$,假设马赫数服从 $N(0.65,0.005^2)$,攻角服从 $N(5,0.2^2)$ 的正态分布,分别采用混沌多项式(PCE)和蒙特卡洛模拟(MCS)方法进行不确定性分析。MCS 方法通过随机抽样解决随机偏微分问题,使用非常方便且与随机变量维数无关,但其收敛效率低,需要抽取大量样本。非嵌入式混沌多项式(Non-intrusive Polynomial Chaos,NIPC)被用于构建代理模型,然后调用该代理模型进行不确定性分析和全局灵敏度分析。将 2 000 次 MCS 抽样结果当作近似精确解,验证 NIPC 方法的精度和效率。

5.4.1 载荷及流场分布的不确定性分析

采用五阶的混沌多项式对翼型表面的气动载荷分布(压力系数及摩擦因数分布)以及整个

流场进行不确定性分析，并用 MCS 方法对分析结果进行验证。

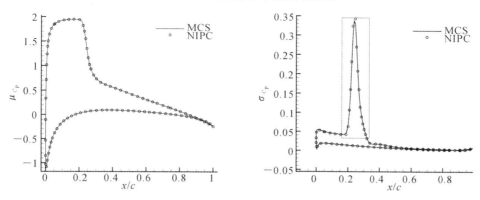

图 5-4　翼型表面压力系数的均值和标准差分布

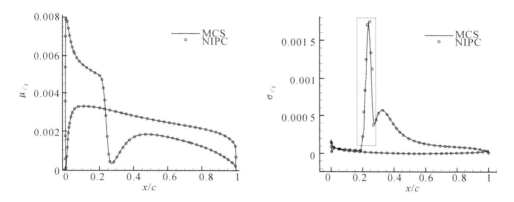

图 5-5　翼型表面摩擦因数的均值和标准差分布

　　图 5-4 和图 5-5 分别给出了表面压力系数及摩擦因数的均值分布和标准差分布。从图 5-4 和图 5-5 可以看出马赫数和攻角的随机扰动只对翼型上表面的气动载荷分布影响明显，对下表面的气动载荷分布几乎没有影响。图 5-4 和图 5-5 中标准差陡然变大的那一部分区域（图中用矩形框标出）称为激波扰动区域，造成激波扰动区域的标准差非常大的原因是，一方面激波强度变化剧烈，另一方面激波位置来回晃动，导致这一区域的物理量在激波前后晃动，引起物理量变化剧烈。在图 5-4 中的翼型上表面，激波扰动区域之前，压力系数标准差保持在 0.05 左右；在激波扰动区域之后，压力系数标准差迅速减小到零。由图 5-5 可以看出，在激波扰动区域及激波扰动区域之前的区域，摩擦因数的标准差分布变化规律与图 5-4 中压力系数的变化规律基本一样，但是，在激波扰动区域之后，摩擦因数标准差没有迅速减到零，而是在激波后某一区域保持较大值，过了这一区域才减为零，究其原因是激波后出现边界层分离，分离泡的强度和位置随着不确定性参数的扰动而产生波动。这说明：对于 C_p 分布，飞行状态的不确定性对激波特性的影响大，而对于 C_f 分布，飞行状态的不确定性对激波以及激波后的边界层分离影响大，这也正是气动特性波动的原因。

　　图 5-6 给出了整个流场马赫数的均值和标准差分布，可以看出不确定性对流场的影响主

要分布在激波和激波后分离泡处,其中最大影响位于激波扰动区域,还可以看出激波位置处的标准差大概是分离泡处标准差的 2.5 倍,这说明激波处的流场参数较分离泡处的流场参数对飞行状态的不确定性更加敏感一些。

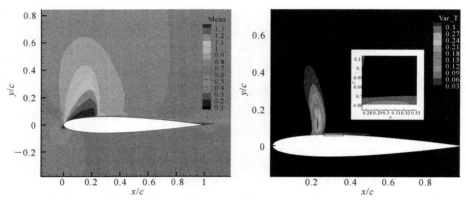

图 5-6　流场马赫数云图的均值分布及标准差分布

5.4.2　气动载荷及流场的全局灵敏度分析

对翼型表面的气动载荷分布和流场进行全局灵敏度分析。图 5-7 和图 5-8 给出了翼型表面的压力系数以及摩擦因数分布的全局灵敏度分析结果。压力系数分布具体表现为:激波扰动区域以前,攻角和马赫数重要性程度相当,激波扰动区域附近,马赫数重要性占主导,而且马赫数和攻角还有一定的耦合作用。摩擦因数分布具体表现为:激波扰动区域附近,马赫数占主导,耦合作用对摩擦因数分布的贡献和攻角的贡献基本相当,激波扰动区域后马赫数和攻角对摩擦因数贡献相当且逐渐减小,耦合作用很弱。从图 5-9 流场全局灵敏度分析结果可以看出,马赫数对激波波动贡献最大,激波处交叉耦合作用甚至要强于攻角贡献。

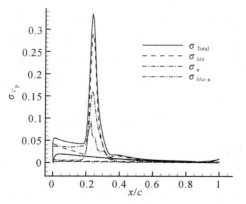

图 5-7　翼型表面压力系数分布的全局灵敏度分析结果

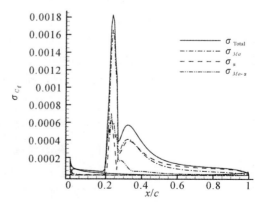

图 5-8　翼型表面阻力系数分布的全局灵敏度分析结果

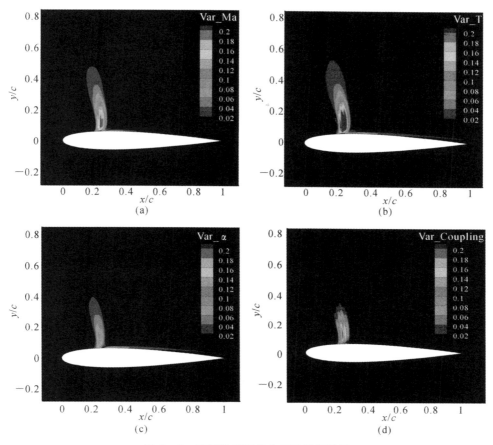

图 5 - 9　马赫数云图的全局灵敏度结果
(a)总方差；　(b)马赫数贡献；　(c)攻角贡献；　(d)耦合作用

5.4.3　气动力系数的不确定性及灵敏度分析

基于后续稳健性优化设计的需要,本小节考虑飞行状态的不确定性对气动力系数的影响,并进行全局灵敏度分析,从中找出对气动力系数影响较大的重要因素。

表 5 - 1 给出了气动力系数的不确定性及全局灵敏度分析结果,其中升力系数的变异系数为 3.1%,阻力系数的变异系数达到 12.3%,可见在跨声速区域,飞行状态的不确定性可引起阻力系数的剧烈波动,而升力系数波动较小。全局灵敏度分析结果显示:①攻角对升力系数的主灵敏度指标高达 0.983,攻角的变化占主要贡献。②马赫数 0.77% 的变异性对阻力系数变化的贡献为 0.256,攻角 4% 的变异性对阻力系数变化的贡献为 0.739,这说明跨声速马赫数波动占相当重要作用。③马赫数和攻角的耦合交互作用的贡献很小,对升力系数、阻力系数的贡献仅为 0.010 和 0.005,这说明马赫数和攻角的耦合交互作用对气动力系数波动的贡献很小。

表 5 - 1   气动力系数的不确定性及灵敏度分析结果

	Ma	α	升力系数	阻力系数
均值	0.65	5	0.708	0.022
标准差	0.005	0.2	0.022	0.002 7
变异系数	0.77%	4%	3.1%	12.3%
S_{Ma}	—	—	0.006	0.256
S_{α}	—	—	0.984	0.739
$S_{Ma-\alpha}$	—	—	0.010	0.005

5.4.4   计算效率对比分析

现将 NIPC 方法和 MCS 方法的计算效率进行对比分析。采用五阶混沌多项式的 NIPC 方法，共有 21 项，抽取 60 个样本(抽取样本点数一般为项数的 1.5~3 倍)用于建模，然后采用 MCS 调用所建立的代理模型进行不确定性分析及全局灵敏度分析，调用代理模型进行不确定性及全局灵敏度分析的时间相对于建模时间是可以忽略的，计算时间主要花费在建模上，因此采用 NIPC 方法进行不确定性及全局灵敏度分析只需调用 60 次 CFD 模拟。MCS 抽取样本数为 2 000 个，即要调用 2 000 次 CFD 模拟进行不确定性分析。采用 MCS 方法进行全局灵敏度分析，所取的总样本数为 $N(k+2)$，其中 N 为所取样本数，k 为输入变量的维数。若 N 取 2 000，由此可以确定采用 MCS 方法进行全局灵敏度分析的计算样本量为 8 000 次。表 5 - 2 给出了采用 NIPC 方法和 MCS 方法进行不确定性分析及全局灵敏度分析调用 CFD 次数的对比情况，可以看出 NIPC 方法效率远高于 MCS 方法。

表 5 - 2   NIPC 方法和 MCS 方法的计算效率的比较

	不确定性分析		全局灵敏度分析	
分析方法	NIPC	MCS	NIPC	MCS
CFD 次数	60	2 000	60	8 000

5.5   考虑几何形状的气动特性的不确定性及灵敏度分析

在工程中，机翼的制造误差无法避免，改进制造工艺来减小制造误差又将大大增加制造成本。由于制造误差引起的翼型几何形状的不确定性对气动特性有着很大的影响，所以考虑翼型几何形状不确定性进行气动特性不确定性分析是很有必要的。要进行该项工作，首先面临的是如何在计算环境中模拟这种由制造误差引起的几何形状不确定性，模拟翼型几何形状的不确定性往往是困难的，需要很多输入参数，从而形成高维的不确定性分析问题。

5.5.1　气动分析算例

本节采用的气动分析算例为绕 RAE2822 跨声速定常流动。在求解基于 S－A 湍流模型的可压缩雷诺平均 N－S 控制方程时采用的是二阶迎风格式且数值通量采用 Ausm 格式。图 5－10 展示了 RAE2822 的计算网格并验证了 CFD 模拟的可靠性。计算网格为 c 型网格，主要包含两个部分，分别为 300×150 和 200×150 的网格。翼型的弦长 $c = 1$ m，远场边界距离设为 $d = 20c$。图 5－10(c) 展示了 GFSI 程序计算的压力系数分布与试验获得的试验分布的吻合很好，验证了计算程序的精度。另外，不确定性分析及灵敏度分析过程中翼型的形状不断变化，采用 RBF 网格变形技术实现网格变形。

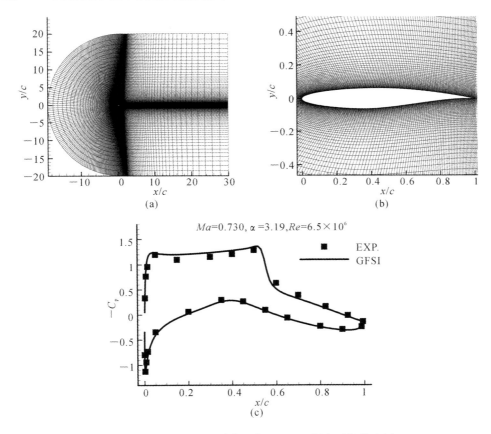

图 5－10　RAE2822 计算网格及 GFSI 程序可靠性验证

(a)全局网格；　(b)局部网格；　(c)压力系数分布比较

5.5.2　几何形状不确定性描述

在工程上，几何外形制造误差及使用磨损均会导致几何外形的不确定性，这会对气动特性造成很大影响。考虑几何外形不确定性，进行气动特性不确定性及灵敏度分析，其先决条件是准确描述计算环境中气动外形的几何不确定性。翼型几何形状不确定性的描述方法主要有两种,第一种是采用高斯随机过程进行模拟,第二种是根据翼型表面的大量测量统计数据,采用主成分分析(PCA)方法得到主要的几何变形模态,通过前 n 阶变形模态的线性叠加来实现翼型几何形状变化[92]。通过这种方法,几何外形不确定性方法可由下式描述:

$$g = g_n + \bar{g} + \sum_{i=1}^{n} \sigma_i z_i v_i \qquad (5-31)$$

式中,g_n 是基本几何形状;$\bar{g}$ 是几何的平均变形;v_i 是第 i 阶几何变形模态,可以依据翼型表面的制造数据,通过 PCA 方法得到;σ_i 表示由 PCA 方法根据数据计算得到的特征值,可以表征第 i 阶模态的贡献大小;z_i 服从 $N(0,1)$ 的正态分布,变量相互独立。因此,$\sigma_i z_i$ 表示第 i 阶几何变形模态的随机贡献。

在实际工程分析中,由于缺乏翼型制造数据,需要先进行翼型参数化,通过参数的随机抽样,获取翼型表面测量点的数据,模拟翼型几何变形的不确定性。通过 PCA 方法获取主要的几何变形模态,以减小输入变量的参数。

以 24 个参数的 CST 方法参数化 RAE2822 翼型为例,采用拉丁超立方抽样方法对 CST 参数在预设概率空间上进行随机抽样,计算模拟获取几何外形的样本数据,进而通过 PCA 分析获取主要的几何变形模态。图 5-11 给出了模态特征值随着模态阶数的变化情况,特征值的大小可以表示每阶模态的贡献情况,特征值越大表示该模态贡献就越大。从图中可以看出,前 12 阶模态占比能够达到 99.32%,这足以说明前 12 阶几何模态能够很好地描述几何不确定性的变化。通过 PCA 分析,可以将描述几何形状不确定性的变量减少一半。

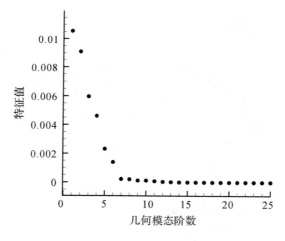

图 5-11　特征值随着几何模态阶数的变化情况

图 5-12 给出了前 12 阶几何外形变形模态,这 12 个模态中包括 6 个上表面变形模态及 6 个下表面变形模态。模态 1 和模态 2 表现为沿厚度方向的伸缩模态,模态 3 和模态 4 表现为最大厚度沿轴向的平移模态,模态 5 和模态 6 表现为挤压模态。

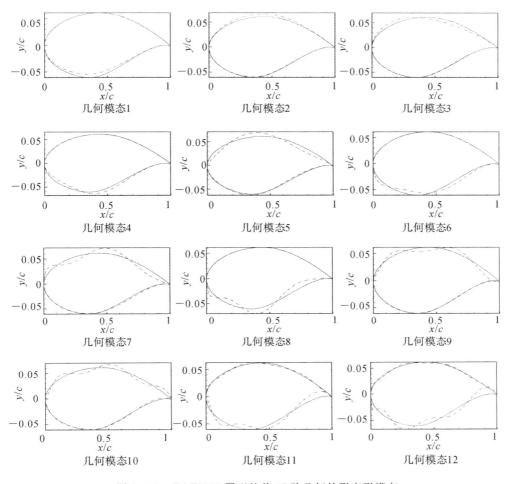

图 5 - 12　RAE2822 翼型的前 12 阶几何外形变形模态

5.5.3　关于 NIPC 方法计算量的讨论

下面分析 NIPC 方法随着维数的增加，其计算量的变化情况。首先，研究基于混沌多项式的 NIPC 方法，表 5 - 3 给出了 12 维的混沌多项式展开的项数 N_t 随着阶数 p 的变化情况，可以看出混沌多项式的项数随着阶数 p 的增大而迅速增大。

表 5 - 3　混沌多项式的项数随着阶数 p 的变化情况（$n=12$）

	$p=1$	$p=2$	$p=3$	$p=4$	$p=5$	$p=6$
N_t	13	91	455	1 820	6 188	18 564

表 5 - 4 给出对于 12 维问题，基于 Galerkin 投影的 NIPC 方法所需样本点数 N_s 随着阶数 p 的变化情况。基于 Galerkin 投影的 NIPC 计算量为 $(p+1)^n$，其计算量随着维数 n 呈指数增

长,因此,基于 Galerkin 投影的 NIPC 方法的计算量太大且不可接受。相对来说,虽然基于混沌多项式的 NIPC 方法精度稍有损失,但是其计算量相对少很多。因此,这里采用基于混沌多项式的 NIPC 方法进行气动特性不确定性分析。

表 5-4　基于 Galerkin 投影的 NIPC 方法所需样本点数随着阶数 p 的变化情况($n=12$)

	$p=1$	$p=2$	$p=3$	$p=4$	$p=5$
N_s	4 096	531 441	16 777 216	244 140 625	2 176 782 336

5.5.4　气动特性的不确定性分析

本节采用 NIPC 方法研究翼型几何形状的随机不确定性对 RAE2822 翼型跨声速气动特性的影响。不确定性变量为式(5-31)中的 $z_i(i=1,2,\cdots,12)$,服从 $N(0,1)$ 的正态分布且变量相互独立,流动的计算状态选为跨声速状态($Ma=0.73,\alpha=2.5°,Re=5.0\times10^6$),分别采用 MCS 和 NIPC 方法进行气动特性不确定性分析。以 5 000 次 MCS 模拟结果作为近似精确解,对 NIPC 方法所构建的模型精度进行验证,并进行计算效率的对比。

图 5-13 给出了几何形状不确定性变化的范围。

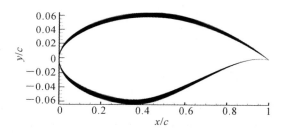

图 5-13　几何不确定性的变化范围

首先,对 NIPC 方法的精度进行验证。在过拟合参数 n_p 等于 2 时,分析 NIPC 方法随着阶数 p 的收敛情况。图 5-14~图 5-16 分别给出了翼型表面压力系数、摩擦因数及气动力系数的标准差分布随着阶数 p 的收敛情况。从图 5-14 和图 5-15 中可以看出,当阶数 p 达到 2 阶或 3 阶时,NIPC 的计算结果与 MCS 的计算结果吻合很好,仅存在微小差别。当 p 增大到 4 时,计算结果反而变差。究其原因,当 p 增大到 4 时,NIPC 的项数高达 1 820 项,这样会大大增大线性回归方法求解系数的难度,甚至导致计算出错。

图 5-17、图 5-18 和图 5-19 分别给出翼型表面压力系数、摩擦因数及气动力系数的标准差分布随着过拟合参数 n_p 的收敛情况。从图中可以看出过拟合参数 $n_p=4$ 时,NIPC 的计算结果与 MCS 的计算结果吻合得很好。综合上述信息,采用参数 $p=2,n_p=4$ 的混沌多项式模型就能准确计算出气动力系数的均值和标准差。表 5-5 给出了不同参数对应的 NIPC 方法进行不确定性分析所需的计算量。从表中可以看出采用 $p=2,n_p=4$ 的 NIPC 方法的计算量仅需调用 364 次 CFD 模拟。

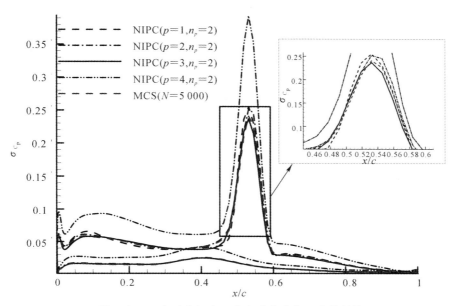

图 5-14　翼型表面压力系数标准差分布随着阶数 p 的收敛情况（$n_p=2$）

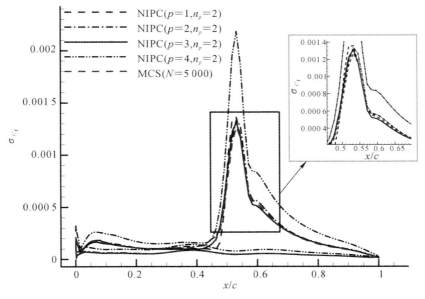

图 5-15　翼型表面摩擦因数标准差分布随着阶数 p 的收敛情况（$n_p=2$）

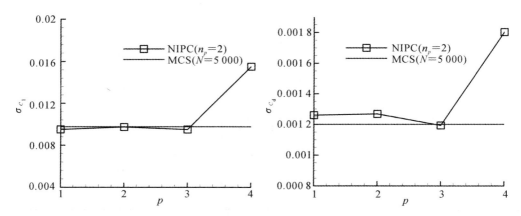

图 5 - 16　气动力系数的标准差随着阶数 p 的变化情况（$n_p=2$）

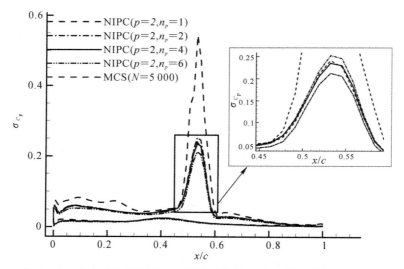

图 5 - 17　压力系数标准差分布随着过拟合参数 n_p 的收敛情况（$p=2$）

表 5 - 5　NIPC 和 MCS 进行不确定性分析所需调用 CFD 次数

	NIPC					MCS
	$p=2$, $n_p=2$	$p=3$, $n_p=2$	$p=4$, $n_p=2$	$p=2$, $n_p=4$	$p=2$, $n_p=6$	—
N	182	910	3 640	364	546	5 000

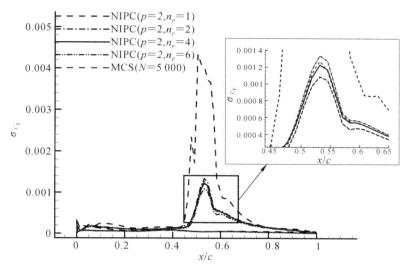

图 5-18　摩擦因数标准差分布随着过拟合参数 n_p 的收敛情况（$p=2$）

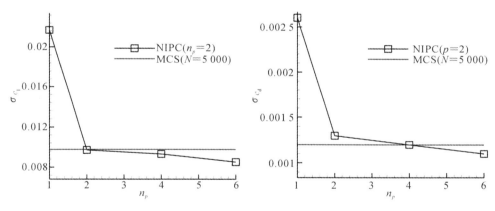

图 5-19　气动力系数的标准差随着过拟合参数 n_p 的变化情况（$p=2$）

图 5-20 给出了翼型表面压力系数及摩擦因数的误差棒分布情况，可以看出，翼型几何外形的随机扰动只对翼型上表面的气动载荷分布影响明显，对下表面的气动载荷分布的影响很小，且图中波动陡然变大的那一部分区域为激波扰动区域。激波位置随着几何形状的改变前后晃动，导致这一区域的物理量可能在激波前后摆动，物理量变化比较剧烈，从而导致这一区域的气动特性波动较大。从图中还可以看出，C_f 和 C_p 标准差分布的不同之处在于激波扰动区域之后某一区域 C_f 还保持着较大的标准差，究其原因是激波后的边界层分离特性导致这一区域的 C_f 波动较大。这表明：跨声速流动中的激波及边界层分离流动的非线性流动特性对几何外形不确定性较敏感。

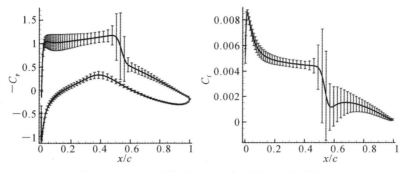

图 5-20　压力系数分布及摩擦因数分布的误差棒

5.5.5　气动特性的全局灵敏度分析

通过全局灵敏度分析计算各个几何变形模态对气动特性的贡献情况,以便找出重要的几何变形模态,为后续的设计工作及制造工艺提供有益参考。基于 NIPC 方法的 Sobol 降维分析,其计算量主要花费在建立混沌多项式模型上,5.5.4 节已经验证了所构建 NIPC($p=2$, $n_p=4$)模型的精度,基于所建立的混沌多项式模型进行 Sobol 灵敏度分析将不会花费太多的计算量,具体的计算过程及公式已在 5.5.2 节详细介绍。

图 5-21 和图 5-22 分别给出了压力系数及摩擦因数分布的 Sobol 分析结果,分别给出了第 i 个模态对应的偏标准差 σ_i,总偏标准差 σ_{Ti} 及该模态和其他模态耦合作用产生的标准差 $\sigma_{couplingi}$。从分析结果可以看出模态 1 和模态 4 的总偏标准差相对于模态 2、模态 3、模态 5 要小很多。从图 5-21 和图 5-22 还可以看出,模态 2 和模态 5 对激波及激波后的边界层分离特性影响较大;模态 3 对激波特性影响较大,对激波后的边界层分离特性影响很小。此外,从图中还可以观察出各几何变形模态间的耦合作用很弱,模态 2、模态 3、模态 5 的偏标准差和总偏标准差基本是吻合的。

为了直观观察各个模态对气动载荷的影响,图 5-23 和图 5-24 分别给出了压力系数及摩擦因数的误差棒图。在前面 5.4.2 节,得知模态 1 和模态 2 表现为沿厚度方向的伸缩模态,模态 3 和模态 4 表现为最大厚度沿轴向的平移模态。模态 5 和模态 6 分别表现为上、下表面的挤压模态。综合图示信息可得出如下结论:下表面变形模态对气动载荷分布影响小,上表面变形模态对气动载荷分布波动的贡献大,其中沿厚度伸缩模态及挤压模态对激波及激波后边界层分离特性影响大,而最大厚度沿轴向平移模态仅对激波特性影响大。

图 5-25 给出了气动力系数(升力系数、阻力系数、力矩系数和升阻比)的全局灵敏度分析结果。对于升力系数,模态 1 和模态 2 的贡献较大,模态 3 和模态 4 贡献很小,可见上下表面的伸缩模态对升力特性的贡献最大,而最大厚度的平移模态的贡献很小。对于阻力系数与升阻比而言,模态 1 和模态 4 的贡献很小,模态 2、模态 3、模态 5 贡献较大,其中模态 2 的贡献最大,可见上表面的变形模态对阻力特性的贡献较大,尤其上表面的伸缩模态影响最大。对于力矩系数,模态 2 的贡献最大,即上表面的变形模态对力矩特性的贡献最大。此外,还可以看出模态间的耦合作用很弱。

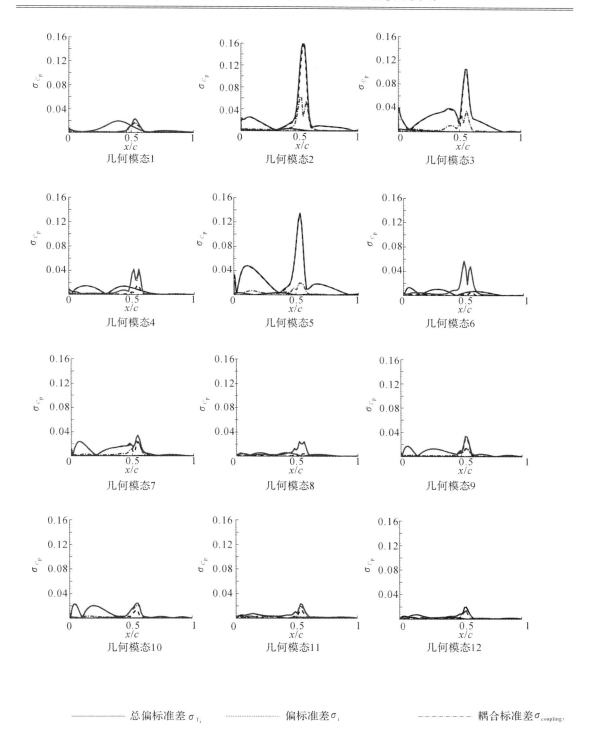

图 5 - 21　压力系数分布的全局灵敏度分析结果

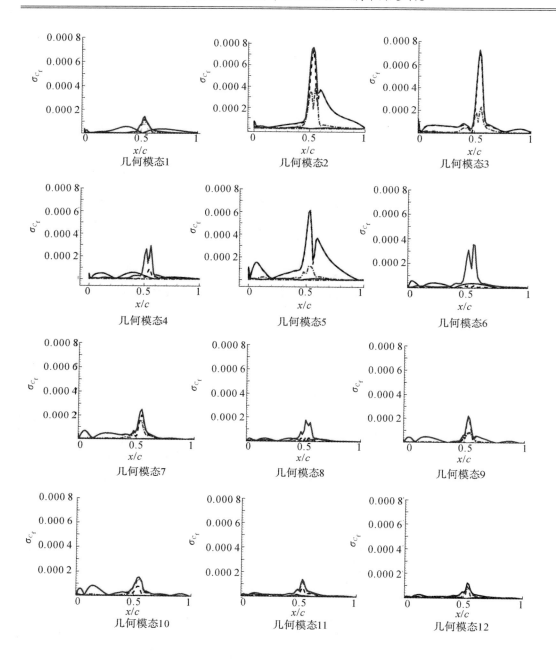

图 5-22 摩擦因数分布的全局灵敏度分析结果

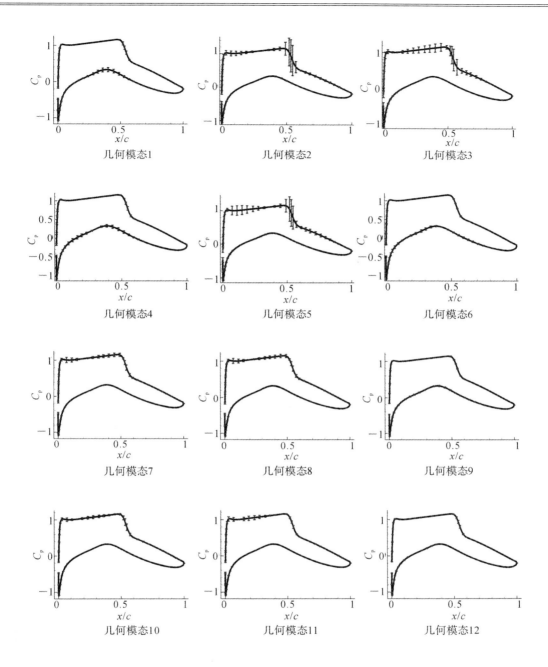

图 5-23　全局灵敏度分析获得的各几何模态对应的压力系数分布的误差棒

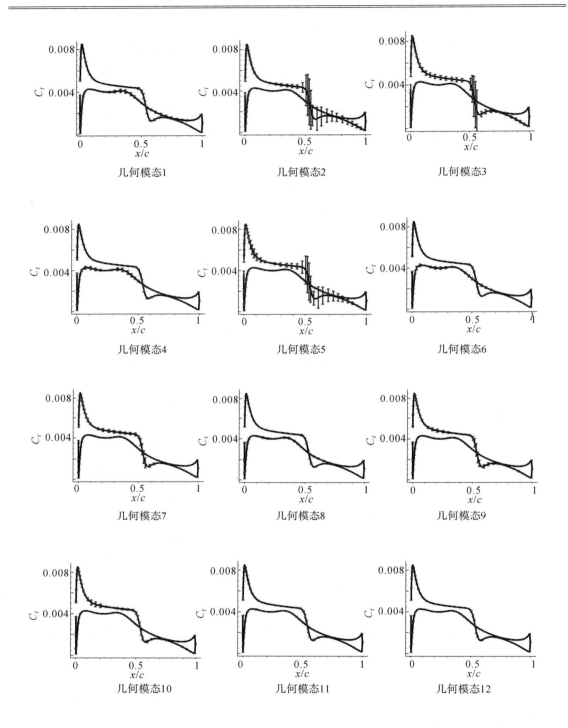

图 5-24　全局灵敏度分析获得的各几何模态对应的摩擦因数分布的误差棒

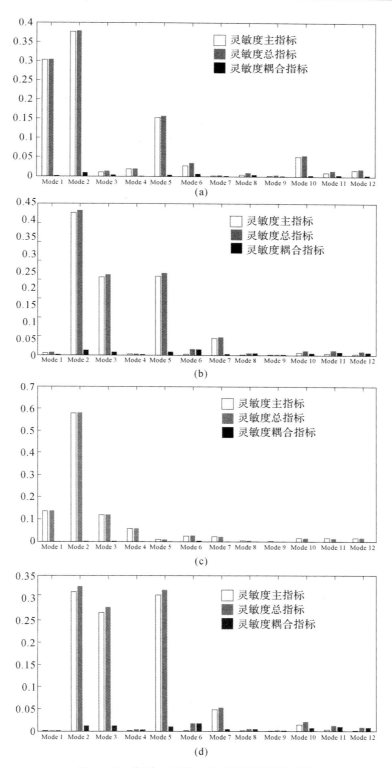

图 5 - 25　气动力系数的全局灵敏度分析结果

（a）升力系数；　（b）阻力系数；　（c）力矩系数；　（d）升阻比

从全局灵敏度分析结果可知,第 1、2、3 和 5 阶几何变形模态对气动特性的贡献比较重要,其他模态的贡献较小,且模态间的交叉耦合作用很弱。因此,为了降低模型的复杂度,接下来将仅考虑第 1、2、3 和 5 阶这四阶模态的不确定性,采用参数为 $p=2$, $n_p=4$,且不含耦合项的混沌多项式回归模型进行气动不确定性分析。表 5-6 给出了气动力系数的不确定性分析结果的对比情况,可以看出 4 个重要变量对应的不确定性分析结果与 12 个不确定性变量的分析结果差别很小。考虑 4 个重要变量对应的不确定性分析的计算量仅为 64 次 CFD 运算,相比于 12 个不确定性变量的不确定性分析的 364 次 CFD 运算有了大幅减少。通过对比可知,全局灵敏度分析可以剔除不重要变量,以实现简化模型,降低不确定性维度。

表 5-6　气动力系数的不确定性分析结果的对比情况(4 个重要模态与 12 个模态)

		$n=4$(NIPC)	$n=12$(NIPC)
C_l	均值	0.723 4	0.723 2
	标准差	0.009 6	0.009 7
C_d	均值	0.016 2	0.016 3
	标准差	0.001 2	0.001 3
C_m	均值	0.271 8	0.272 0
	标准差	0.005 3	0.005 7
L/D	均值	44.679	44.627
	标准差	5.169 9	5.360 8
N		64	364

5.6　基于稀疏网格的混沌多项式方法及气动不确定性分析

基于 Galerkin 投影的 NIPC 方法通过张量积求解混沌多项式系数,其计算量随着维数增加呈现指数增长,因而对于高维问题,基于 Galerkin 投影的 NIPC 方法的计算量很大。近年来,以 Smolyak 准则为基础的稀疏网格法[202]在高维积分[204]、高维插值[205]、数据缩减[206]和不确定性传输[207]等领域得到了广泛的应用与发展。Xiong 等人[207]提出了一种基于稀疏网格积分(SGNI)的不确定性分析方法,能够高效求解统计矩。Xiu 和 Hesthaven[208]采用稀疏网格插值方法求解高维的随机偏微分方程。Baskar 和 Nichoias[209]将稀疏网格选点策略用来解决随机对流问题。文献[210]应用稀疏网格技术的随机表示方法进行考虑飞行条件及几何形状不确定性的绕 NACA0015 亚声速气动特性分析。为了提高基于 Galerkin 投影的 NIPC 方法的计算效率,本节提出一种基于稀疏网格技术和 Galerkin 投影的 NIPC 方法,这种方法的主要思想是采用稀疏网格技术替换张量积求解积分式(5-21),以达到降低计算量的目的。

5.6.1 基于稀疏网格的混沌多项式方法

以 Smolyak 准则为基础的稀疏网格法(Sparse grid)的基本思路:用合适的一维求积公式的张量积组合来构建多维求积公式。

对于一维积分 $\int_{\Omega_i} f(x)\varphi_i(x)\mathrm{d}x$,数值积分表示为

$$U_i^m f = \sum_{i=1}^{n_m} a_i^m f(x_i^m) \qquad (5-32)$$

式中,x_i^m 和 a_i^m 表示数值积分(高斯积分等)的积分点及相应权重。高维积分可以通过张量积由一维积分拓展而来:

$$(U_1^{m_1} \otimes \cdots \otimes U_d^{m_d}) f = \sum_{i_1=1}^{n_{m_1}} \cdots \sum_{i_d=1}^{n_{m_d}} (a_{i_1}^{m_1} \cdots a_{j_d}^{m_d}) f(x_{i_1}^{m_1} \cdots x_{i_d}^{m_d}) \qquad (5-33)$$

张量积的积分点数是所有一维积分点数的乘积($N_{full} = n_{m_1} \cdots n_{m_d}$),因此,对于高维问题,通过全张量积构造多维积分计算量大。Smolyak 准则可以减少积分点数,对于 d 维 k 阶问题,基于稀疏网格的张量积规则如下:

$$U_d^k = \bigcup_{|m| \leqslant k+d-1} U_1^{m_1} \otimes U_2^{m_2} \otimes \cdots \otimes U_d^{m_d} \qquad (5-34)$$

式中,$|\boldsymbol{m}| = m_1 + \cdots + m_d$;$\otimes$ 表示张量积规则。

稀疏网格规则是为了从全网格中剔除那些对计算精度贡献较小的网格点。关于变量 $\boldsymbol{\xi}$ 的多维非线性函数 $f(\boldsymbol{\xi})$ 的稀疏网格积分可用下式表示:

$$\int_{\Omega} f(\boldsymbol{\xi})p(\boldsymbol{\xi})\mathrm{d}\boldsymbol{\xi} \approx \sum_{l=1}^{P_s} a_l f(\boldsymbol{\xi}_l) = \sum_{k+1 \leqslant |\boldsymbol{m}| \leqslant q} (-1)^{q-|\boldsymbol{m}|} \binom{d-1}{q-|\boldsymbol{m}|} (U_1^{m_1} \otimes \cdots \otimes U_d^{m_d}) f \qquad (5-35)$$

式中,P_s 是满足稀疏网格规则的所有多指标之和;$\boldsymbol{\xi}$ 是由稀疏网格规则确定的积分点集合;a_l 是关于第 l 个积分点的权重系数:

$$a_l = (-1)^{q-|m|} \binom{n-1}{q-|\boldsymbol{m}|} (a_{j_1}^{m_1} \cdots a_{j_d}^{m_d}) \qquad (5-36)$$

图 5-26 阐述了基于一维高斯积分稀疏网格的构造过程,由张量积构造的多重积分需要 9 个积分点数。对于稀疏网格构造规则,多指标的组合应满足 $3 \leqslant m_1 + m_2 \leqslant 4$,总共有 5 种可能的组合,一共有 13 个积分点。表 5-7 给出了张量积和稀疏网格所需的积分点数的对比情况,可以看出,针对高维问题,稀疏网格技术可以很大程度上减小抽样点数。

表 5-7 全张量积和稀疏网格所需的积分点数的对比情况

维数	2	3	4	5	6	7	8	9	10
稀疏网格法	13	25	41	61	85	113	145	181	221
张量积	9	27	81	243	729	2 187	6 561	19 683	59 049

非嵌入式混沌多项式方法采用张量积的形式求解式(5-14),其缺点是对于高维问题计算量很大。基于稀疏网格积分的混沌多项式方法(Sparse Grid Polynomial Chaos,SGPC)的主要思想:用稀疏网格积分替代非嵌入式混沌多项式方法的张量积求解未知系数,通过稀疏网格积分替换式(5-21)来求解式(5-14),进而构建出近似的混沌多项式模型,减少所选取的样本点对维数的依赖。

$$\alpha_k = \frac{1}{\Psi_k^2(\boldsymbol{\xi})} \int_R u(\boldsymbol{\xi}) \Psi_k(\boldsymbol{\xi}) \omega(\boldsymbol{\xi}) \mathrm{d}\boldsymbol{\xi} = \sum_{l=1}^{N_d^k} a_l u(\boldsymbol{\xi}_l) \Psi_k(\boldsymbol{\xi}_l) \qquad (5-37)$$

式中,N_d^k 表示 d 维 k 阶精度的稀疏网格积分点数;a_l 是第 l 个积分点对应的权重系数。求出 α_k 后便确定了近似的混沌多项式模型,然后根据式(5-25)和式(5-26)求取均值和方差。

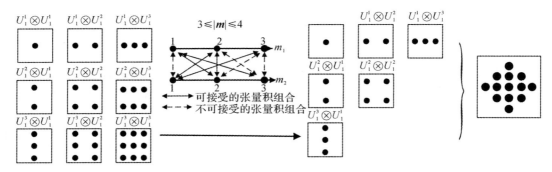

图 5-26   稀疏网格构造过程($d=2,k=2$)

5.6.2   气动特性的不确定性分析

考虑飞行条件及翼型几何形状不确定性,采用 SGPC 方法进行 RAE2822 翼型跨声速气动特性的不确定性分析。选取 8 个不确定性变量,几何形状不确定性变量为式(5-31)中的 z_i($i=1,2,\cdots,6$),服从 $N(0,1)$ 的正态分布且变量相互独立,描述飞行条件不确定性变量为马赫数和攻角,马赫数服从均值为 0.73,波动幅度为 ± 0.01 的截断正态分布;攻角服从均值为 2.5°,波动幅度为 $\pm 0.3°$ 的截断正态分布,流动的计算状态选为 $Ma=0.73,\alpha=2.5°,Re=5.0\times10^6$。分别采用 MCS、SGPC 进行气动特性不确定性分析,进行计算效率及精度的对比分析,将 10 000 次 MCS 分析结果作为近似精确解。

图 5-27 及图 5-28 给出了翼型表面的压系数和摩擦因数的标准差分布随着混沌多项式阶数 p 的收敛情况,可以看出当 SGPC 达到 3 阶精度时,C_p、C_f 的标准差分布和 MCS 计算的结果基本吻合。表 5-8 给出了两种方法所获得的气动力系数的不确定性分析结果对比情况,可以看出当混沌多项式精度达到 2 阶时,气动力系数的均值和标准差与 MCS 的计算结果吻合得很好。表 5-9 给出了针对该 8 维问题,分别采用 SGPC、NIPC、MCS 进行不确定性分析所需计算量对比情况,当 $p=3$ 时,SGPC 的计算量仅为 849,而 NIPC 的调用次数为 65 536,MCS 的计算量需要 10 000 次,这也很好地体现出了 SGPC 在计算效率上的优越性。

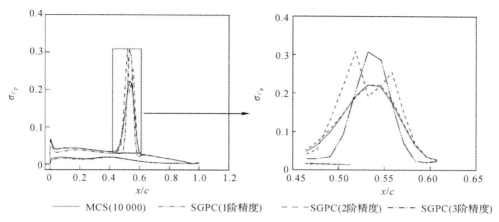

图 5 - 27　压力系数标准差分布随着混沌多项式精度 p 的收敛情况

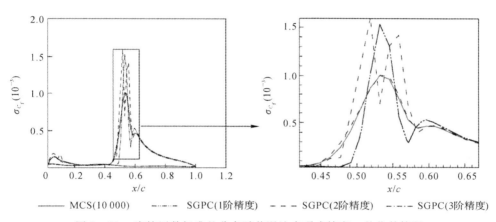

图 5 - 28　摩擦因数标准差分布随着混沌多项式精度 p 的收敛情况

表 5 - 8　气动力系数的不确定性分析结果对比

		SGPC			MCS
		$p = 1$	$p = 2$	$p = 3$	
C_l	均值	0.737 9	0.736 6	0.737 7	0.737 3
	标准差	0.013 2	0.020 1	0.020 1	0.019 6
C_d	均值	0.016 4	0.016 4	0.016 4	0.016 4
	标准差	0.001 9	0.001 4	0.001 4	0.001 4

表 5 - 9　SGPC、NIPC 和 MCS 进行不确定性分析调用 CFD 次数的对比

	SGPC			NIPC			MCS
CFD	$p = 1$	$p = 2$	$p = 3$	$p = 1$	$p = 2$	$p = 3$	
调用次数	17	145	849	256	6 561	65 536	10 000

图 5 - 29 给出了压力系数 C_p 的均值、波动范围及所选的五个位置的概率密度 PDF 分布情况，可以看出，激波随着不确定性会出现前后波动，导致激波附近区域出现剧烈波动。图 5 - 30 给出了摩擦因数 C_f 的均值、波动范围及所选的五个位置的 PDF 分布情况，在激波及激波前区域，摩擦因数分布的波动情况与图 5 - 29 压力系数 C_p 变化规律基本一样，但在激波后，摩擦因数的波动并没有迅速减到零，而是在激波后某一区域保持较大值，过了这一区域才迅速减为零。这说明飞行条件及几何外形的不确定性仅对激波和激波后的边界层分离流动特性有较大影响。此外，图 5 - 29 和图 5 - 30 给出的 5 个位置的局部概率密度分布情况，受激波及边界层非线性流动特性的影响，概率密度分布出现了多峰现象，可以看到随机响应在 $x/c = 0.56$ 处出现双峰特性。

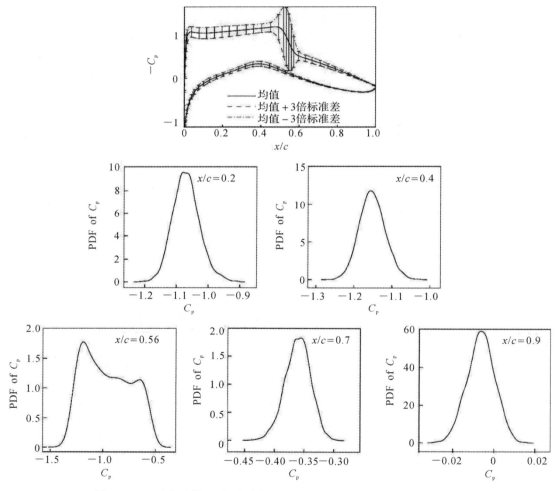

图 5 - 29　压力系数 C_p 的波动范围及所选的五个位置的 PDF 分布情况

图 5 - 31 和图 5 - 32 分别给出了压力系数及摩擦因数的 Sobol 灵敏度分析结果，给出了各模态的偏标准差 σ_i、总偏标准差 $\sigma_{\mathrm{T}i}$ 及该模态和其他模态耦合作用产生的标准差 $\sigma_{\mathrm{coupling}\,i}$。从图中可以看出，马赫数是引起激波和边界层分离剧烈波动的不确定性因素，上表面伸缩模态和挤压模态同时对激波与边界层分离特性影响较大；上表面的平移模态只对激波特性影响较大，变

量之间具有一定的耦合作用。

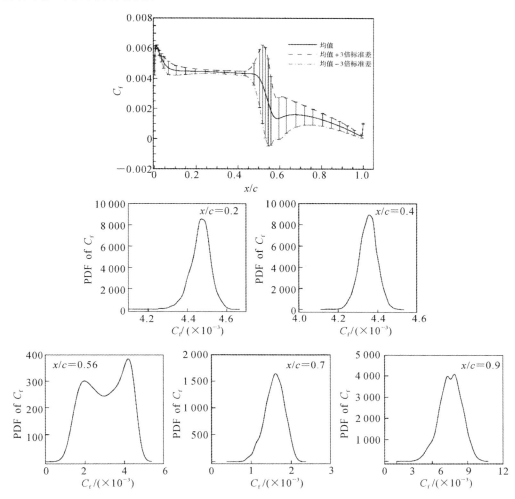

图 5-30 摩擦因数 C_f 的波动范围及所选的五个位置的 PDF 分布情况

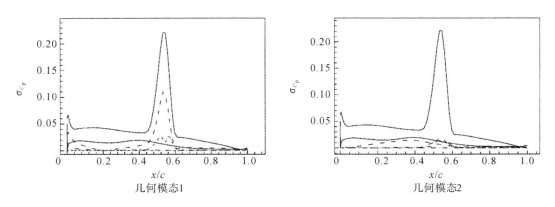

图 5-31 压力系数分布的全局灵敏度分析结果

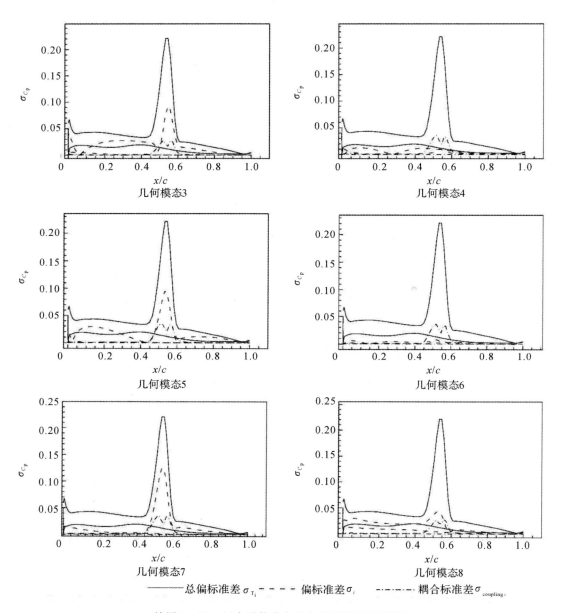

几何模态3

几何模态4

几何模态5

几何模态6

几何模态7

几何模态8

—— 总偏标准差 σ_{T_i} - - - - 偏标准差 σ_i -·-·- 耦合标准差 $\sigma_{coupling\,i}$

续图 5-31 压力系数分布的全局灵敏度分析结果

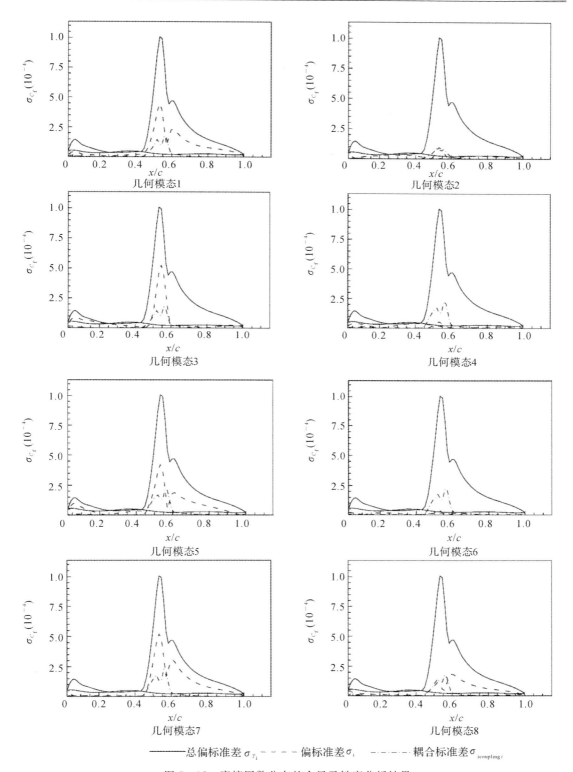

图 5 - 32　摩擦因数分布的全局灵敏度分析结果

图 5-33 给出了升力系数的全局灵敏度分析结果,可以看出攻角是对升力特性最重要的不确定性变量。图 5-34 给出了阻力系数的全局灵敏度结果,可以看出马赫数是最重要的不确定性变量,同时上表面几何变形模态及攻角也有较大贡献。

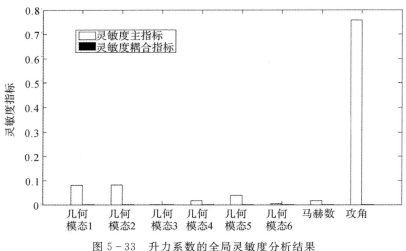

图 5-33 升力系数的全局灵敏度分析结果

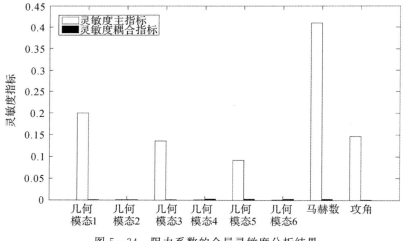

图 5-34 阻力系数的全局灵敏度分析结果

5.6.3 不同流动区域的随机气动特性分析

选取 Case A:亚声速小迎角($Ma=0.5$、$\alpha=2.5°$),Case B:亚声速大迎角($Ma=0.5$、$\alpha=20°$)以及 Case C:跨声速小迎角($Ma=0.73$、$\alpha=2.5°$)三种状态,使用 3 阶的 SGPC 方法进行气动特性不确定性分析进行对比研究。首先,分别针对三种状态进行了定常流场计算,计算流场的流线图如图 5-35 所示。对于 Case A 状态,流动沿着翼型光滑地流过,并没有发生分离;

对于 Case B 状态,可以看出翼型上表面发生较大分离;对于 Case C 状态,翼型上表面后半段出现分离,这是由于在跨声速区域激波附面层干扰引起的分离。

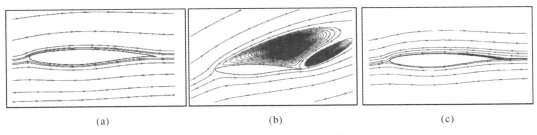

图 5 - 35　三种流动状态的流线图

(a)Case A ($Ma=0.5,\alpha=2.5°$)；　(b)Case B ($Ma=0.5,\alpha=20°$)；　(c)Case C ($Ma=0.73,\alpha=2.5°$)

图 5 - 36 给出了三种状态下 RAE2822 翼型表面压力系数及摩擦因数的误差棒图。从图中可以看出,对于 Case A 状态,C_p 和 C_f 的误差棒变化规律相同,主要表现在翼型头部波动比较大且翼型上下表面的波动相当;对于 Case B 状态,C_p 和 C_f 的误差棒变化规律相同,主要表现在翼型头部波动比较大,除翼型头部以外,对翼型上、下表面气动特性影响很小;对于 Case C 状态,C_p 和 C_f 的变化规律不同,对于 C_p 分布,在激波晃动区域,C_p 出现剧烈波动且远大于翼型头部处的波动;而对于 C_f 分布,C_f 在激波位置处出现剧烈波动,但是在激波之后,波动并没有像 C_p 那样迅速减小,而是在激波某一区域保持一定波动。表 5 - 10 给出了气动力系数的不确定性分析结果,可以看出:Case A 和 Case B 状态的阻力系数的变异系数相对较小,而 Case C 状态的阻力系数的变异系数相对较大;状态 A、B 和 C 的升力系数的变异系数都相对较小。这说明:几何形状不确定性对亚声速的气动力影响较小,对跨声速的阻力特性影响较大。

表 5 - 10　三种不同流动状态下,气动力系数的不确定性分析结果

气动力系数	流动状态	均值	标准差	变异系数
C_d	Case A	0.011 6	0.000 2	0.017 2
	Case B	0.064 2	0.001 0	0.015 6
	Case C	0.016 3	0.000 8	0.049 1
C_l	Case A	0.499 3	0.007 2	0.014 4
	Case B	1.041 0	0.015 9	0.015 3
	Case C	0.719 2	0.013 0	0.018 1

在亚声速状态(Case A 和 Case B)下,气动特性的波动主要集中在翼型头部;大迎角状态虽然在翼型上方出现了流动分离,但几何形状不确定性对分离区的气动特性影响很小甚至小于层流状态下对气动特性的影响;几何形状不确定性对气动力系数的影响小。当流动变为跨声速状态(Case C)时,由于激波及激波后边界层干扰的非线性特性,气动特性影响较大的区域由亚声速翼型头部区域变成在激波及激波后边界层干扰区域,这也正是在跨声速状态的阻力系数具有较大波动的原因。

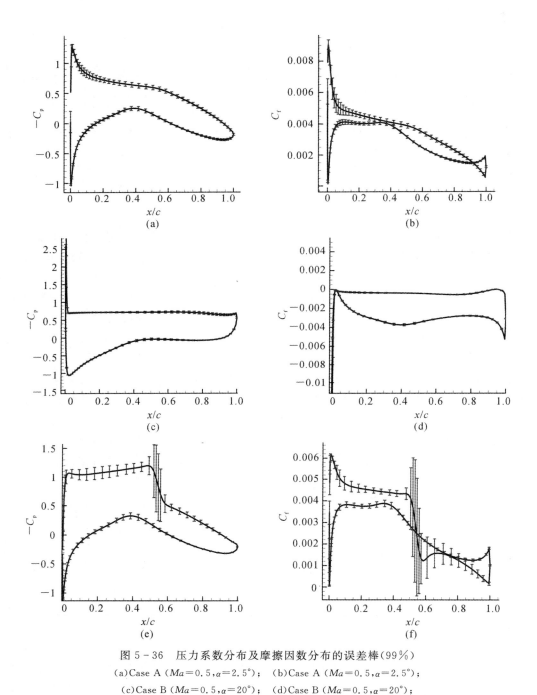

图 5 - 36　压力系数分布及摩擦因数分布的误差棒(99%)
(a)Case A (Ma=0.5,α=2.5°)；　(b)Case A (Ma=0.5,α=2.5°)；
(c)Case B (Ma=0.5,α=20°)；　(d)Case B (Ma=0.5,α=20°)；
(e)Case C (Ma=0.73,α=2.5°)；　(f)Case C (Ma=0.73,α=2.5°)

5.7　本 章 小 结

　　本章首先介绍了不确定性的概念、描述及分类,不确定性分析可以得到不确定性参数引起的输出性能的不确定性,要获知各不确定性变量对输出的贡献程度,需要进行灵敏度分析,着重介绍了基于方差的全局灵敏度分析——Sobol 灵敏度分析。此外,详细介绍了不确定性及全局灵敏度分析方法:蒙特卡洛方法和混沌多项式方法。

　　目前,在气动特性不确定性中,大多数研究仅考虑飞行条件不确定性,很少涉及气动外形的不确定性。这是因为几何形状不确定性的描述往往需要大量参数,无疑会增加气动特性不确定性分析的难度和计算量。考虑气动外形的不确定性,采用 PCA 技术获取主要几何变形模态,可以在一定程度上降低不确定性参数的维度。分别采用基于回归分析的 NIPC 方法、基于Galerkin 投影的 NIPC 方法以及基于稀疏网格的 NIPC 方法,进行同时考虑飞行条件及几何外形不确定性的气动特性不确定性分析和灵敏度分析。

　　从不确定性分析结果可以看出,由于跨声速流动存在激波及边界层干扰等非线性流动特性,不确定性因素对跨声速气动特性影响较大的区域主要集中在激波及激波后边界层干扰区域,局部位置上的压力系数及摩擦因数的概率密度出现多峰现象。通过全局灵敏度分析可得知各不确定性变量的贡献大小。从摩擦因数及压力系数分布的灵敏度分析结果可以看出,马赫数对激波及边界层干扰的流动特性影响最大,上表面的伸缩模态及挤压模态对激波及边界层干扰流动特性有一定影响,而上表面的平移模态仅对激波特性存在影响。从气动力的灵敏度分析结果可以看出,攻角对升力特性的波动影响最大,马赫数对阻力特性的影响最大。几何变形模态中,上下表面伸缩模态(模态 1 和模态 2)对升力系数影响较大,上下表面的平移模态(模态 3 和模态 4)对升力特性影响很小。对于阻力特性,上表面模态影响较大。全局灵敏度分析指明了对气动特性影响大的几何变形模态,从而为制造误差的控制提供有益参考,还可以为后续的设计工作中进一步减缩变量空间提供定量的指导。

第 6 章　基于不确定性的气动稳健性优化设计

在航空航天领域,优化设计已经被广泛地应用于提高产品质量、降低设计成本上,并取得了良好的经济效益和社会效益。然而,随着面临的工程问题越来越复杂,飞行器设计面临诸多不确定性因素。传统的确定性优化设计在设计过程中并没有考虑这些不确定性因素,这可能会导致确定性最优设计的性能出现较大的波动甚至不能满足设计的要求。因此,基于不确定性的稳健性优化设计得到了研究人员的关注。

本章提出一种结合随机代理模型和进化算法的自适应随机优化框架。自适应代理模型不要求在整个设计空间内具有高的近似精度,而只在最优设计点附近区域增加训练样本点数,以保证模型的精度要求。采用包含气动特性随机特征的随机 Kriging 模型实现基于 NIPC 方法的建模,可以大大提高模型的训练效率。最后,通过二维的跨声速气动稳健性设计验证随机优化框架的高效性及优越性。

6.1　稳健性优化设计

6.1.1　稳健性优化设计问题的数学描述

稳健性优化设计目的是在寻求目标最优的同时,减小目标对不确定性因素的敏感程度。稳健性优化设计需要同时降低目标函数的均值和方差,数学模型如下[211]:

$$\begin{aligned} &\text{Min} \quad F\big[\mu_f(\boldsymbol{x}_d, \boldsymbol{x}_u), \sigma_f(\boldsymbol{x}_d, \boldsymbol{x}_u)\big] \\ &\text{s. t.} \quad \boldsymbol{x}_L \leqslant \boldsymbol{x} \leqslant \boldsymbol{x}_U \end{aligned} \quad\quad (6-1)$$

式中,$\boldsymbol{x}_d$ 是设计变量;$\boldsymbol{x}_u$ 是不确定性变量。稳健性优化是多目标优化问题,对于多目标问题可以直接采用多目标优化算法,也可将多目标转换成单目标问题进行优化[212]。稳健性优化包括了不确定性分析和优化算法寻优过程,需要在每一步迭代过程中进行不确定性分析,因此,相比于确定性优化,稳健性优化所需的计算时间更长。

6.1.2　稳健性优化设计框架

稳健性优化设计需要在迭代过程中,评估目标函数或约束函数的随机统计特征,即进行不确定性分析。传统的稳健性优化流程如图 6-1 所示。气动稳健性优化设计,需要反复调用非常耗时的 CFD 程序进行气动特性评估,所需计算时间往往是工程上无法接受的。因此,需要发展基于代理模型的气动稳健性优化设计。

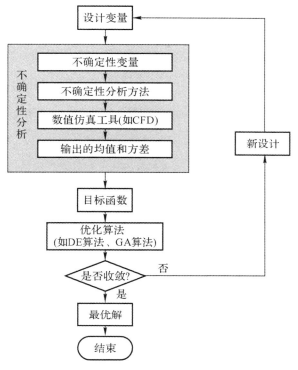

图 6-1　稳健性优化设计流程图

6.2　基于遗传算法与多项式响应面的气动稳健性优化设计

6.2.1　响应面方法

在稳健性优化设计中,若采用高精度的 N-S 方程进行分析,每次气动分析的时间长,而稳健性优化要进行优化迭代和不确定性分析就需要大量的 CFD 分析,计算效率低。本节采用响应面方法构造气动力与翼型几何形状变量的降阶数学模型,用响应面模型替换 CFD 程序进行优化可大大提高计算效率。

1. 样本点选取

样本点的选取采用拉丁超立方抽样方法,样本点由下面算法产生:

$$x_j^{(i)} = \frac{\pi_j^{(i)} + U_j^{(i)}}{N} \qquad (6-2)$$

式中,上标 i 表示样本序号,下标 j 表示标量序号,$0 \leqslant j \leqslant M$,$0 \leqslant i \leqslant N$;$U$ 为 $[0,1]$ 之间的随机数;π 为 $0,1,\cdots,N-1$ 的随机排列;$\pi_j^{(i)}$ 决定了 $x_j^{(i)}$ 在哪个区间,$U_j^{(i)}$ 决定在区间的哪个位置。

2. 响应面模型的构造

通过构建响应面模型可以得到气动力与翼型几何形状不确定变量之间的关系,常采用二次含交叉项响应面模型为

$$y = c_0 + \sum_{i=1}^{n_v} c_i x_i + \sum_{i=1}^{n_v} c_{ii} x_i^2 + \sum_{i}^{n_v-1} \sum_{j=i+1}^{n_v} c_{ij} x_i x_j + \varepsilon \tag{6-3}$$

式中,n_v 是变量维数,样本点数一般取为回归系数个数的 $1.5 \sim 3$ 倍。通过最小二乘法来求解回归系数。

3. 方差分析

模型生成后,为保证模型的适用性,还必须进行方差分析,对其进行预测能力的评估。一般采用相关系数 R^2 和调整后的相关系数 R_a^2 对模型的精度进行评估,其值越接近 1,说明拟合程度越好[235]。

6.2.2 考虑飞行条件不确定性的翼型稳健性优化设计

基于后续稳健性优化设计的需要,考虑飞行条件的不确定性对气动力系数的影响,通过全灵敏度分析,找出对气动力系数影响较大的重要因素,达到减少不确定性变量维数的目的。全局灵敏度分析的具体计算过程:首先建立升力系数、阻力系数与不确定性变量(马赫数 Ma 和攻角 α)的响应面模型,然后根据第 5 章介绍的全局灵敏度计算方法计算 Sobol 灵敏度指标。

研究飞行条件参数(如马赫数、攻角)的随机扰动对绕 NACA0012 翼型的气动特性的影响。计算状态为 $Re = 3.0 \times 10^6$,假设马赫数 Ma 服从 $N(0.73, 0.036\ 5^2)$,攻角 α 服从 $N(2.5, 0.125^2)$ 的正态分布。气动力系数的不确定性及灵敏度分析结果见表 6-1。

表 6-1 气动力系数的不确定性及灵敏度分析结果

	Ma	α	阻力系数
均值	0.73	2.5	0.021 4
标准差	0.036 5	0.125	0.003 1
变异系数	5%	5%	14.5%
S_{Ma}			0.899
S_α			0.100
$S_{Ma-\alpha}$			0.001

由表 6-1 可以看出,阻力系数的变异系数高达 14.5%,可见,在跨声速区域,飞行条件的不确定性可引起阻力系数的剧烈波动。全局灵敏度分析结果显示:马赫数 5% 的变异性对阻力系数变化的贡献为 0.899,攻角 5% 的变异性对阻力系数变化的贡献为 0.100,这说明跨声速马赫数波动占相当重要作用。马赫数和攻角的耦合交互作用对气动力系数波动的贡献很小,仅为 0.001。因此,仅考虑马赫数随机不确定性对阻力特性的影响情况,假设马赫数服从正态分布,变异系数取为 0.05。分别采用蒙特卡洛方法和响应面方法进行不确定性分析。按照 6.2.1 节构造多项式响应面模型,并用蒙特卡洛方法验证响应面方法的精度,采用响应面方

法可大大提高不确定性的分析效率(见图 6-2)。图 6-3 给出了阻力系数的概率密度分布规律,可以看出阻力系数的变异系数达到了 13.2%,说明马赫数的不确定性对阻力特性的影响的确很大。

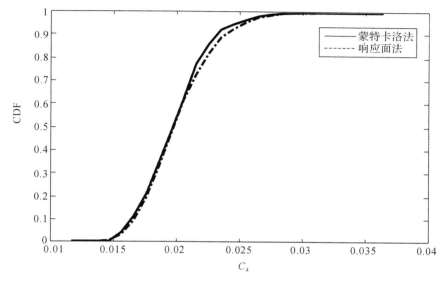

图 6-2　阻力系数的累积分布规律

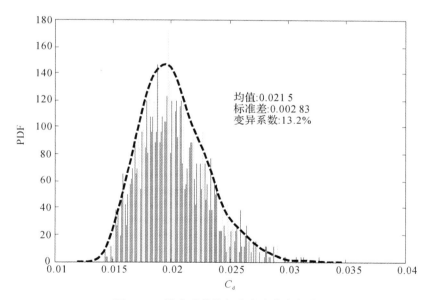

图 6-3　阻力系数的概率密度分布规律

以翼型的阻力系数作为目标函数 $f(\boldsymbol{x})$,约束条件设置为翼型的最大厚度和最大面积不小于原始翼型,优化变量为 Bernstein 系数,不确定性变量为马赫数。通过线性加权将多目标转化成单目标优化问题,采用遗传算法进行优化。图 6-4 给出了稳健性优化的流程图,从图中可看出稳健性优化有两个循环,外循环是优化,内部循环是不确定性分析,如果直接调用 CFD 计算,计算量是相当大的,本节在不确定性分析时建立阻力系数与马赫数的响应面模型,这样在每次优化时可减少不确定性分析时间,从而提高稳健性优化的计算效率。

```
                    ┌──────────────┐
                    │   初始种群    │
                    └──────┬───────┘
                           ↓
            ┌────→┌──────────────┐
            │     │  CST生成几何外形 │
            │     └──────┬───────┘
            │            ↓
    ┌───┬───────────────────────────────┐
    │不 │   ┌──────────────┐            │
    │确 │   │  Ma 随机扰动   │            │
    │定 │   └──────┬───────┘            │
    │性 │   ┌──────────────┐            │
    │分 │   │ 构建阻力系数与马赫数的 │        │
    │析 │   │   响应面模型   │            │
    │   │   └──────┬───────┘            │
    │   │   ┌──────────────┐            │
    │   │   │ MCS调用响应面模型 │           │
    │   │   └──────┬───────┘            │
    │   │   ┌──────────────┐            │
    │   │   │ 计算阻力的均值和方差 │         │
    │   │   └──────┬───────┘            │
    └───┴──────────┼────────────────────┘
                   ↓
        ┌──────────────────────────┐
        │ 计算目标函数值 │μ_{c_d}+kσ_{c_d}│
        └──────────┬───────────────┘
                   ↓
            ╱ 是否到达终止条件? ╲──────是──────┐
            ╲               ╱             │
                   │否                     │
                   ↓                       ↓
        ┌──────────────┐          ┌──────────────┐
        │  种群个体的排序  │          │    最优解     │
        └──────┬───────┘          └──────┬───────┘
               ↓                          ↓
        ┌──────────────┐          ┌──────────────┐
        │  选择、交叉、变异 │          │     结束     │
        └──────┬───────┘          └──────────────┘
               ↓
        ┌──────────────┐
        │   下一代种群   │
        └──────────────┘
```

图 6-4 考虑 Ma 不确定性的稳健性优化流程图

　　图 6-5 给出了稳健性优化得到的翼型和原始 NACA0012 翼型的比较,可以看出稳健性优化得到的翼型最大厚度后移,这将导致激波的强度变弱,这在图 6-6 中得到了证实。分别对稳健性优化得到的翼型和初始翼型进行不确定性分析,分析结果如图 6-7 所示,可以看出稳健性得到的翼型的阻力系数波动明显要较初始翼型小得多。通过稳健性优化使阻力的均值从 0.021 5 减小到 0.015 9,阻力系数的变异系数从 13.2% 减小到 5.7%,可见通过稳健性优化设计可以在提高气动性能的同时,提高气动性能的稳健性。

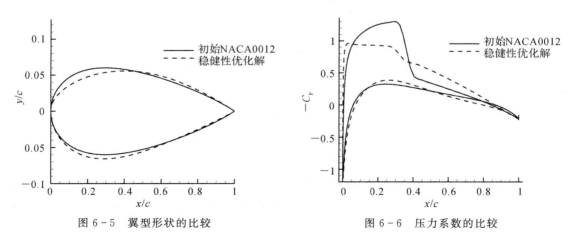

图 6-5　翼型形状的比较　　　　　　　　图 6-6　压力系数的比较

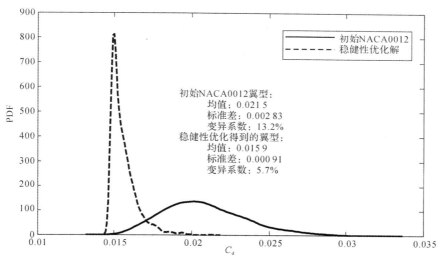

图 6-7　阻力系数的随机概率分布规律比较

6.2.3　考虑几何形状不确定性的翼型稳健性优化设计

考虑翼型几何形状的不确定性规律描述为 $p_X(\boldsymbol{x})$，则稳健优化设计中，目标函数的均值和方差可分别由下式确定：

$$\mu_f = E[f(\boldsymbol{x})] = \int \cdots \int_{-\infty}^{+\infty} f(\boldsymbol{x}) p_X(\boldsymbol{x}) \mathrm{d}\boldsymbol{x} \tag{6-4}$$

$$\sigma_f^2 = E[(f(\boldsymbol{x}) - \mu_x)^2] = \int \cdots \int_{-\infty}^{+\infty} [f(\boldsymbol{x}) - \mu_f]^2 p_X(\boldsymbol{x}) \mathrm{d}\boldsymbol{x} \tag{6-5}$$

MCS 的理论依据是概率统计的大数定理，在随机样本趋于无穷多可以得到估计的近似精确解，但计算效率极低[215]。如果通过响应面（RS）拟合方法得到气动力和几何形状变量的降阶的近似数学模型，只要响应面模型的精度得到保证，再用 MCS 方法调用该响应面模型，计算时间将大大减少，效率得到很大提高。本节使用响应面和蒙特卡洛相结合的方法（MCS＋RS）进行函数均值和方差的估计，既能保证估计值的精度又能保证计算效率。

由于缺乏翼型制造误差的统计数据，通过形状函数的 Bernstein 多项式加权系数微小随机波动实现翼型几何形状的波动。选取 3 阶 Bernstein 多项式，Bernstein 多项式加权系数 b_i 服从正态分布，变异系数为 0.05。在进行不确定分析时，使用拉丁超立方抽样方法抽取 80 个样本点，其中 30 个样本点用于响应面的方差分析以校核响应面的精度。算例选取 NACA0012 翼型，求解二维 S-A 湍流模型的 N-S 方程，计算状态选为 $Ma = 0.73, \alpha = 2.5°, Re = 6.5 \times 10^6$。

表 6-2 表明响应面的精度得到了保证。从表 6-3 可以看出 MCS 和 MCS＋RS 方法得到的升力系数和阻力系数的均值和方差的差异很小，以 MCS 方法计算结果为近似精确解，说明 MCS＋RS 的计算结果可靠。从表 6-3 中还可以看出，MCS 方法进行了 2 000 次 CFD 计算，而 RS＋MCS 方法仅进行了 80 次 CFD 计算，效率得到很大提高。图 6-8 和图 6-9 是两种方法对应的升力系数和阻力系数分布规律对比，可看出吻合良好。从图 6-10 和图 6-11

可以看出阻力系数波动较大,变异系数为 6.62%,升力系数波动很小,变异系数为 3.7%,说明翼型几何形状的波动对阻力的影响较大,对升力影响较小。

表 6-2 随机不确定分析时的响应面精度

	相关系数 R^2	相关系数 R_a^2
升力系数	0.999 2	0.999 7
阻力系数	0.999 3	0.999 7

表 6-3 两种随机方法(MCS 和 MCS+RS)的分析结果比较

	升力系数		阻力系数		CFD 调用次数
	均值	方差	均值	方差	
蒙特卡洛(MCS)	0.377 6	0.013 6	0.021 2	0.001 5	2 000
蒙特卡洛+响应面(MCS+RS)	0.377 3	0.013 9	0.021 1	0.001 4	80

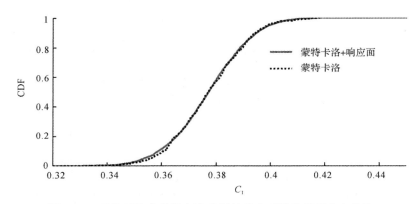

图 6-8 两种不确定分析方法获得的升力系数的累积分布规律

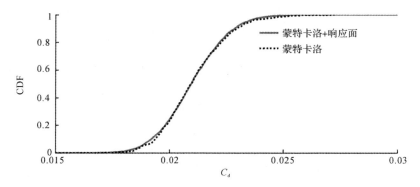

图 6-9 两种不确定分析方法获得的阻力系数的累积分布规律

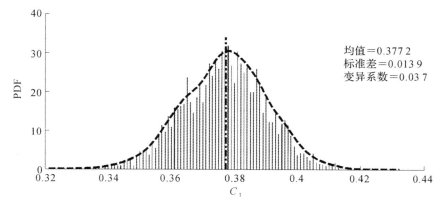

图 6-10　升力系数的概率密度分布

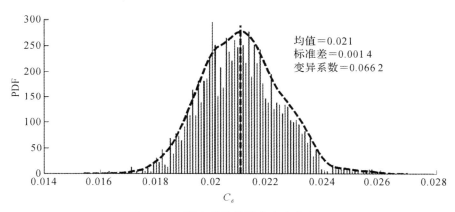

图 6-11　阻力系数的概率密度分布

　　从前面不确定性分析可以看出翼型形状的波动对升力系数影响不大,故这里仅进行减小阻力波动的稳健性优化。构建确定性优化和稳健性优化的数学模型,优化算法采用遗传算法,建立响应面模型代替 CFD 数值模拟,以高效地获取全局优化解。

　　确定性优化设计的数学模型如下:

$$\left.\begin{array}{ll} \min & f(\boldsymbol{x}) \\ \text{s. t.} & g_i(\boldsymbol{x}) \leqslant 0 ; \quad i = 1, 2, \cdots, I \\ & \boldsymbol{x}_\mathrm{L} \leqslant \boldsymbol{x} \leqslant \boldsymbol{x}_\mathrm{U} \end{array}\right\} \tag{6-6}$$

　　基于不确定性的稳健性优化设计的数学模型如下:

$$\left.\begin{array}{ll} \min & \mu_f + k_f \boldsymbol{\sigma}_f \\ \text{s. t.} & \mu_{g_i} + k_{g_i} \sigma_{g_i} \leqslant 0 ; \quad i = 1, 2, \cdots, I \\ & \boldsymbol{\mu}_x + k_x \boldsymbol{\sigma}_x \leqslant \boldsymbol{x} \leqslant \boldsymbol{\mu}_x - k_x \boldsymbol{\sigma}_x \end{array}\right\} \tag{6-7}$$

　　设定目标函数 $f(\boldsymbol{x})$ 为翼型的阻力系数,约束为翼型的最大厚度和最大面积不小于原始翼型,优化变量为 Bernstein 系数。该问题的稳健性优化的流程图如图 6-12 所示。

　　表 6-4 给出了确定性优化和稳健性优化结果的对比情况,从表 6-4 中 R^2 和 R_a^2 的值可以看出,响应面的精度能够得到保证;从确定性优化的对比结果可以看出,基于响应面方法的优化结果和直接调用高精度 CFD 计算程序的优化结果的差异很小,验证了基于响应面优化方法的精度,说明响应面方法在翼型优化中的可行性,且优化效率可以得到很大的提高,以便将响应面方法用于稳健性优化中。从表 6-4 和图 6-13 可以看出,稳健性优化相对于原始翼型既减小了阻力值又减小了阻力波动。稳健性优化相对于确定性优化,阻力只是略微增大,只增大了 0.001 1,但阻力系数的变异性减小了,变异系数从 6.18% 减至 2.97%。从图 6-14 的压力分布图可以看出,稳健性优化得到翼型的压力分布激波要比确定性优化的激波稍微变陡,激波位置稍微靠前,但是稳健性优化得到的阻力波动更小,稳健性更好。从图 6-15 给出优化的翼型形状可以看出,稳健性优化得到的翼型最大厚度位置比确定性优化稍稍前移,导致激波强度比确定性优化稍微偏大,波阻比确定性优化有所增加,这正是稳健性优化的阻力较确定性优化稍大的原因。

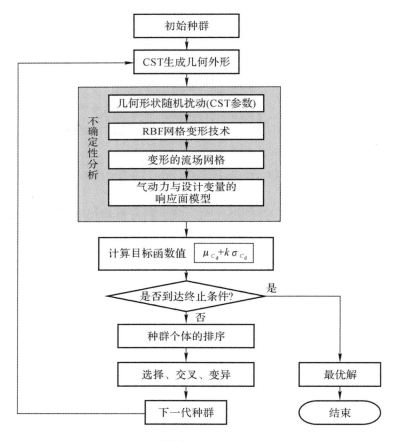

图 6-12　基于遗传算法的稳健性优化的流程图

　　从上述的对比结果可以看出,稳健性优化能很好地均衡性能优化和稳健性优化,在改善气动性能基础上又保持了气动性能的稳健性,这样更符合工程实际气动外形加工的要求。

表 6 - 4　确定性优化和稳健性优化结果比较

	初始翼型	确定性优化		稳健性优化
		CFD 程序	响应面	
升力系数	0.379 9	0.384 2	0.383 8	0.390 7
阻力系数	0.021 2	0.012 9	0.013 6	0.014 4
阻力均值	0.021 1	0.013 1	0.013 4	0.014 5
阻力标准差	0.001 4	7.89×10^{-4}	8.29×10^{-4}	4.32×10^{-4}
变异系数	0.066 4	0.060 2	0.061 8	0.029 7
相关系数 R^2	—	—	0.987 6	0.978 5
相关系数 R_a^2	—	—	0.976 3	0.983 4

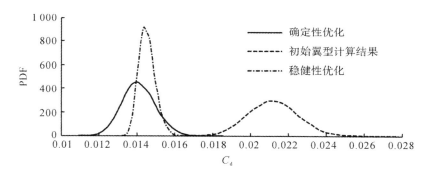

图 6 - 13　阻力系数的随机概率分布规律比较

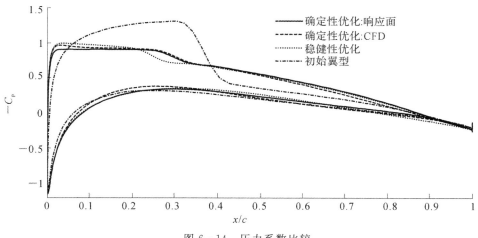

图 6 - 14　压力系数比较

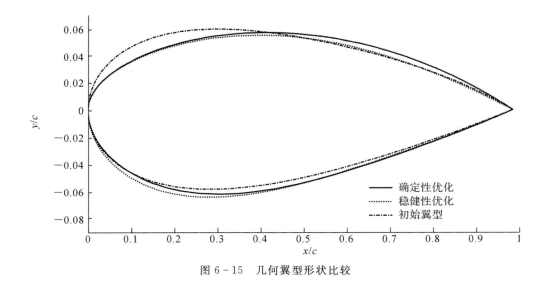

图 6-15　几何翼型形状比较

6.3　基于混沌多项式与代理模型的自适应稳健性优化设计

　　为了提升稳健性优化的设计效率,提出了基于混沌多项式与代理模型的自适应稳健性优化设计方法,其流程图如图 6-16 所示。首先,选择 CST 方法描述翼型形状的变化。而后,通过拉丁超立方抽样方法抽取一定数量的初始训练翼型,针对每个所选翼型形状,采用 NIPC 方法进行不确定性分析获取气动随机统计特性(均值和方差),建立初始的随机 Kriging 代理模型。然后,采用差分进化算法调用该代理模型进行气动优化,获取该模型所对应的最优翼型。随后,将该最优翼型加入训练库中,并通过 NIPC 方法进行不确定性分析并获取气动随机统计特性,对所构建的模型进行更新。周而复始,直至优化满足收敛条件。

　　所提出的自适应稳健性优化设计中,采用两个收敛标准:

　　(1) 两次目标函数值的相对误差小于阈值 ε_1:

$$\frac{\|y_{\mathrm{new}} - y_{\mathrm{best}}\|}{y_{\mathrm{best}}} \leqslant \varepsilon_1 \tag{6-8}$$

　　(2) 代理模型在最优点附近的近似精度,即代理模型与数值模拟的相对误差小于阈值 ε_2:

$$\frac{\|\hat{y}_{\mathrm{best}} - y_{\mathrm{best}}\|}{y_{\mathrm{best}}} \leqslant \varepsilon_2 \tag{6-9}$$

　　本节采用差分进化算法作为优化算法。由于 Kriging 模型良好的非线性拟合能力,在气动设计中用 Kriging 模型替换 CFD 工具。在使用 Kriging 模型之前,需要通过离线抽样选取一定的样本点并调用 CFD 程序进行气动分析,并通过这些选定的样本点信息构建近似的 Kriging 模型。对于确定性气动优化,可以直接构建关联气动特性与翼型形状的近似 Kriging 模型。但对于稳健性优化设计,由于所关注的是气动性能的随机统计特征(均值和方差),所以需要构建一个包含气动特性的随机统计特征的 Kriging 模型。在模型训练过程中,采用 NIPC

方法对每个训练的翼型形状进行气动特性的不确定性分析,以保证构建代理模型的训练效率。基于 NIPC 方法所构建的随机 Kriging 模型包含了不同翼型形状的气动随机统计特性。

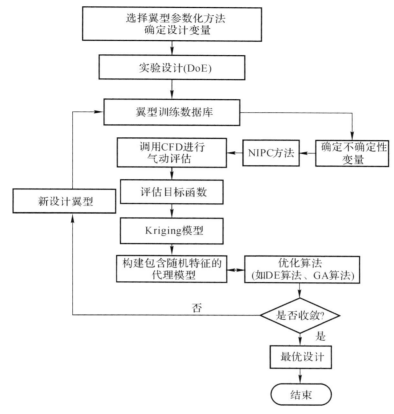

图 6-16　稳健性优化设计方法的流程图

采用差分进化算法调用代理模型进行稳健性优化设计,获得的优化结果很大程度上依赖于代理模型近似精度,如果所建立模型的精度无法保证的话,优化设计往往也无法收敛到真实最优解。因此可以采用增加训练样本的点数来提高模型的精度,但要使模型在整个设计空间内满足较高的精度,所需的训练样本量是非常巨大的。在实际优化中,一般只需使模型在最优解附近区域具有高的近似精度即可,因而把自适应策略引入稳健性优化中,构建一个基于代理模型与差分进化算法的随机优化框架。

首先,选取训练的翼型,对于每个训练翼型,采用 NIPC 方法获取气动特性的随机统计信息,构建一个初始的随机 Kriging 模型。然后,采用差分进化(DE)算法调用所构建的模型进行优化,并把该模型对应的最优翼型加入训练库中,对代理模型进行更新。最后,通过历史的寻优数据自动更新训练的样本,并逐步逼近最优解。这种自适应算法不必在整个设计空间内都具有高的近似精度,而只需在重要的区域具有高的近似精度即可,有助于减少训练 Kriging 模型所需的样本数量。

自适应随机优化框架具体包括内部迭代和外部迭代两个迭代过程。内部迭代是采用差分进化算法调用随机 Kriging 模型进行气动稳健性优化,寻找该模型对应的最优气动外形;外部迭代将所提供的最优外形加入训练库中,并采用 NIPC 方法调用 CFD 进行分析,进而对随机

Kriging 模型进行更新。

由于调用 CFD 求解 N-S 方程进行定常流场计算耗时较长，而采用全局优化算法调用所构建代理模型所花费的计算时间相比于定常流场计算耗时要小很多。例如，进行一次定常流场所需时间大约为 9 min，而采用 DE 算法调用代理模型进行优化仅需 1～2 min，因此所发展的自适应稳健性优化方法的计算花费主要花费在调用 CFD 进行定常流场分析上。从图 6-16 流程图可以看出，总共所需要的 CFD 数量等于训练库中的翼型数量乘不确定性分析调用的 CFD 次数。

$$n_{total} = (n_{initial} + n_{adaptive}) \times n_{UQ} \qquad (6-10)$$

其中，n_{total} 表示总共所需调用的 CFD 运算数量；$n_{initial}$ 表示用于训练初始代理模型的翼型数量；$n_{adaptive}$ 表示模型自适应更新所添加的训练翼型数量；n_{UQ} 表示每次不确定性分析所需调用的 CFD 次数。

6.3.1 定常流场求解

定常流场求解是在课题组编写的流场求解程序 GFSI 上进行的。流场网格采用 NACA0012 翼型的 C 型网格，如图 4-14 所示，网格分为两块，分别有 300×150 和 100×150 网格，流场网格的变形采用 RBF 网格变形技术。

6.3.2 气动稳健性优化设计问题描述

采用所提出的稳健性优化设计方法进行跨声速气动特性的稳健性优化设计。设计状态选为跨声速状态$(Ma=0.73, \alpha=2.5°, Re=6.5\times10^6)$，考虑飞行参数 Ma 的不确定性，马赫数服从截断正态分布，均值为 0.73，变化范围在 $[0.70, 0.76]$。

对于气动稳健性优化问题，优化的目标是同时减小阻力的均值和标准差，通过加权将多目标转换为单目标优化问题进行处理。优化的约束设置为优化过程中升力的均值不小于初始翼型的升力，翼型的面积不小于初始翼型的面积。优化的设计变量为 CST 参数（12 维参数）。优化的收敛标准是两次目标函数的相对误差及 Kriging 模型与 CFD 模拟的相对误差均小于 1%。

$$\begin{aligned} \min \quad & \mu_{C_d} + k\sigma_{C_d} \\ \text{s. t.} \quad & \mu_{C_l} \geqslant \mu_{C_l}^0 \\ & S \geqslant S_0 \end{aligned} \qquad (6-11)$$

分别采用传统的稳健性优化设计方法（TRDO）、单一离线随机代理模型耦合差分进化算法（SSM-DE）及本节提出的稳健性优化方法（ARDO）进行气动稳健性优化设计对比研究。另外，为了使传统的稳健性优化设计的计算时间可以接受，采用收敛效率更快的梯度优化算法进行寻优并采用 NIPC 进行不确定性分析。对于本节提出的稳健性优化方法，在优化之前需要构建初始的代理模型，构建初始代理模型的训练翼型选为 10 个，针对每个翼型，采用 NIPC 方法进行一次不确定性分析，在优化过程中所使用的 DE 算法的参数设置为：变异率 $F=0.6$，杂交因子 $C_R=0.7$，种群规模 $N_p=60$，所使用的 Kriging 模型是 MATLAB DACE 工具箱,决定 Kriging 模型的拟合精度的相关性参数式(4-22)中的 θ 由优化算法寻优得到。

6.3.3　NIPC 方法的计算效率及精度

在稳健性优化之前,分别采用 NIPC 和 MCS 进行考虑 Ma 不确定性的随机气动特性分析。通过和 MCS 方法计算的结果进行对比,验证 NIPC 方法的精度和效率。图 6-17 给出了阻力系数的累积分布函数的比较情况。NIPC 方法的样本点数达到 3 个以上,该方法已经与 2 000 次 MCS 分析的结果吻合良好。表 6-5 给出了阻力系数的均值和标准差的收敛情况以及分析所需的样本点数,对比可以看出 NIPC 方法的精度和高效性。

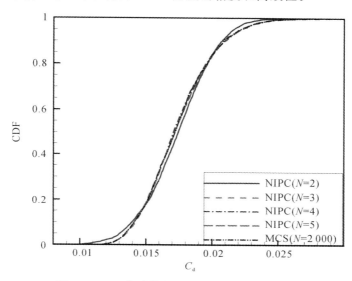

图 6-17　阻力系数的累积分布函数的比较情况

表 6-5　阻力系数 C_d 的均值及标准差随着样本点数的收敛情况及计算效率的对比

	NIPC				MCS
μ_{C_d}	0.017 43	0.017 44	0.017 43	0.017 44	0.017 41
σ_{C_d}	0.002 63	0.002 65	0.002 63	0.002 64	0.002 64
N	2	3	4	5	2 000

6.3.4　稳健性优化方法的效率和精度

图 6-18 给出了优化过程中随机代理模型的迭代过程,由图中标注的 CFD 和 Kriging 模型计算的目标函数值可以看出,当代理模型迭代了 25 次时,满足收敛条件,CFD 和 Kriging 计算的目标函数值相对误差不超过 1%,保证了所构建的随机代理模型的精度且两次目标函数值相对误差不超过 1%,保证优化迭代收敛。另外,整个稳健性优化总共调用了 105 次 CFD,优化得到的阻力均值和标准差分别为 0.010 34 和 0.001 036。

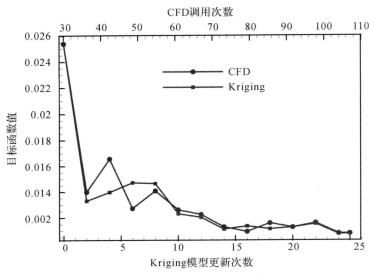

图 6-18　稳健性设计的收敛迭代过程

　　采用差分进化算法调用单一的随机代理模型进行气动稳健性分析,分别采用 50、100、150 个训练翼型构建 3 个单一的随机 Kriging 模型,并对优化的结果进行分析。图 6-19 给出稳健性优化的结果随着训练样本数目的变化情况。图 6-19(a) 给出了最优设计点对应的分别由 CFD 和 Kriging 模型计算的函数值的相对误差,可以看出随着训练样本的数目增大,SSM 相对误差随之减小,150 个训练翼型所对应的模型值与 CFD 值之间的相对误差为 6.6%;而本节所提出的稳健性方法的相对误差仅为 0.4%,远小于单一的随机 Kriging 模型。图 6-19(b) 给出了最优设计的阻力特性的均值和标准差随着训练样本的比较情况,对于单一代理模型,随着样本数的增大,阻力的均值和标准差在逐渐减小,当训练翼型的个数为 150 时,阻力的均值和标准差分别为 0.010 35 和 0.000 177。此外,采用收敛效率更快的梯度优化算法进行寻优算法,并采用 NIPC 进行不确定性分析,优化得到的阻力均值为 0.010 54,标准差为 0.000 54。

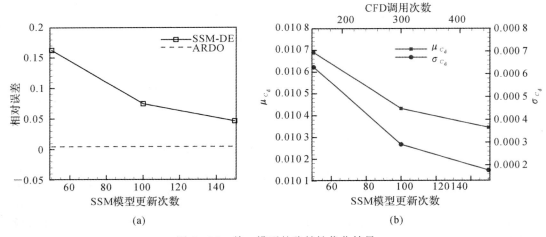

(a)　　　　　　　　　　　　　　(b)

图 6-19　单一模型的稳健性优化结果

(a)相对误差的比较; 　(b)阻力特性的均值和标准差的比较

图 6-20 给出了 3 种优化方法得到的最优设计翼型对应的阻力标准差。从图中可以看出 ARDO 的优化效果明显好于传统的稳健性优化方法和单一代理模型方法。表 6-6 给出了 3 种优化方法计算效率的对比情况。从调用 CFD 次数的角度看,AROM 仅需要调用 105 次 CFD,而 50、100、150 个训练翼型构建随机 Kriging 模型需要调用 150、300、450 次 CFD。从耗时角度看,传统的稳健性优化方法进行稳健性分析耗时为 4 862.6 min,50、100、150 个训练翼型构建随机 Kriging 模型耗时分别为 1 248.1 min、2 488.7 min、3 753.8 min,所提出的稳健性优化方法的耗时仅为 976.7 min。由此可见,所提出的自适应的优化方法能够高效地获取更好的优化结果。

表 6-6　计算效率的比较

	ARDO	TRDO	SSM - DE(50)	SSM - DE(100)	SSM - DE(150)
CFD 调用次数	105	540	150	300	450
耗时/min	976.7	4 862.6	1 248.1	2 488.7	3 753.8

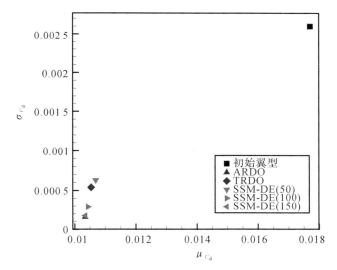

图 6-20　阻力的均值和标准差的比较

6.3.5　稳健性优化设计的气动特性对比

图 6-21 给出了初始翼型、确定性优化及稳健性设计所对应的阻力系数的概率密度分布,从概率密度分布可以直观看出参数的变异性。稳健性优化相比于初始翼型,阻力特性及其波动均大幅减小,这说明稳健性优化能够同时实现减小阻力及其变异。稳健性优化相比于确定性优化,稳健性优化的阻力变异更小但是阻力稍大。从数据中可以看出,稳健性优化的阻力标准差仅是确定性优化的 1/4,而其阻力系数仅比确定性优化提高了 0.001 2,也就是说,在提高稳健性的同时适当地降低了性能。

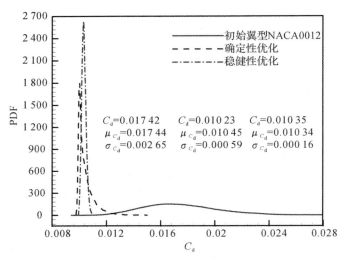

图 6-21　阻力系数的概率密度分布的比较

图 6-22 给出优化前后的翼型形状及压力系数 C_p 分布的对比情况。相比于初始翼型,稳健性优化的翼型的激波强度得到了很大程度的减弱,且翼型最大厚度位置进行后移。相比于确定性优化,稳健性优化的翼型的激波强度要稍稍强于确定性优化。图 6-23 给出了稳健性优化、确定性优化的最优翼型及初始翼型的压力云图及压力系数标准差云图的分布情况,从压力云图可以看出,初始 NACA0012 翼型上表面存在一道强激波;稳健性优化设计的最优翼型上方存在一道强度很弱的激波;确定性优化的最优翼型上方没有激波。从图 6-23 中的 C_p 的标准差云图可以看出,稳健性优化最优翼型的压力系数的波动明显要小于确定性优化及初始翼型。图 6-24 给出了阻力系数随着马赫数的变化情况,可以看出稳健性优化设计的阻力变异性更小。从上述的对比结果可以看出,稳健性优化能很好地均衡气动性能和气动稳健性,这样更符合工程实际的需求。

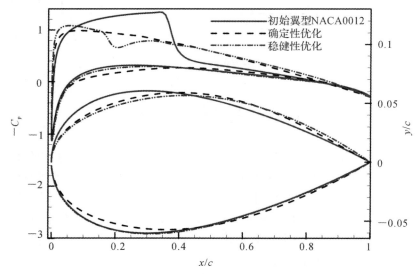

图 6-22　C_p 分布及翼型形状的比较

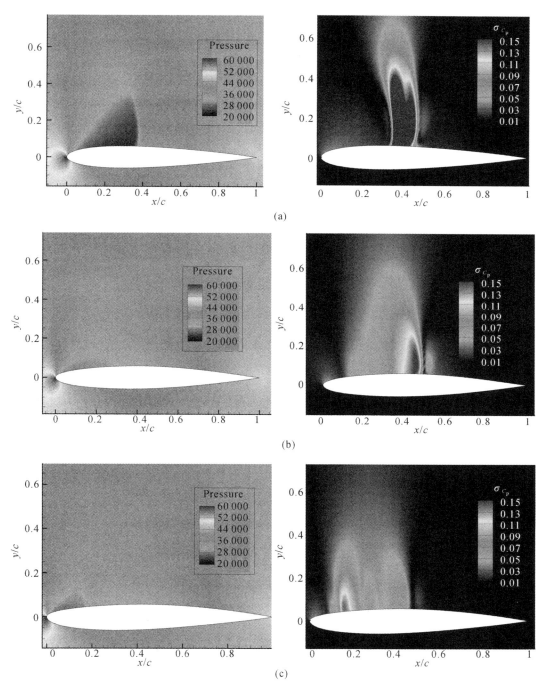

图 6-23　确定性、稳健性优化设计的最优翼型及初始翼型的压力分布及压力系数标准差分布

（a）初始翼型 NACA0012 翼型的压力分布及压力系数标准差分布；

（b）确定性优化设计的最优翼型的压力分布及压力系数标准差分布；

（c）稳健性优化设计的最优翼型的压力分布及压力系数标准差分布

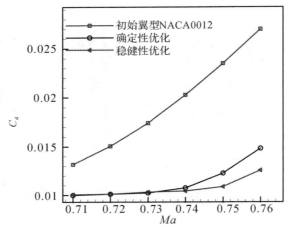

图 6-24 阻力系数随着马赫数的变化情况

6.4 本章小结

稳健性优化设计需要在优化迭代过程中进行不确定性分析,所以采用传统的优化算法结合不确定性分析调用 CFD 程序进行气动稳健性优化的效率很低。构建高精度的代理模型可以提高稳健性优化的效率。本章采用 NIPC 方法和 Kriging 模型构建包含气动随机统计特性的 Kriging 模型,采用差分进化算法调用该 Kriging 模型可快速地获得最优设计翼型。但是,调用单一代理模型获得的优化结果很大程度上依赖于代理模型近似精度,如果所建立的模型精度无法保证的话,优化设计往往也无法收敛到真实最优解。如果采用增加训练样本的点数使得模型在整个设计空间内满足较高的精度,往往所需的训练样本量巨大。然而,一般在优化过程中,只需在最优解附近区域具有高的近似精度即可。为此,将自适应的思想引入稳健性优化中,提出基于代理模型技术与进化算法的自适应随机优化框架,使得模型根据优化的进程进行自适应更新。

将所提出的方法应用于翼型跨声速气动稳健性优化设计。首先,从气动不确定性分析的结果可以看出,NIPC 方法的不确定性分析的效率远远高于 MCS 方法,采用 NIPC 方法能够提高模型的训练效率。其次,从稳健性优化的结果可以看出,提出的 AROM 方法获取的阻力的均值和标准差都要小于传统的稳健性优化方法及单一代理模型方法;从耗时角度看,TROM 方法进行稳健性分析耗时为 4 862.6 min,50、100、150 个训练翼型构建随机 Kriging 模型耗时分别为 1 248.1 min、2 488.7 min、3 753.8 min,所提出的稳健性优化方法的耗时仅为 976.7 min。由此可见,所提出的自适应的优化方法能够高效地获取更好的优化结果。

与初始翼型的气动特性相比,稳健性优化设计能够很好地在实现减阻的同时,减小阻力特性对不确定性因素的敏感程度。与确定性优化的设计结果相比,稳健性优化设计得到的翼型的阻力特性波动更小但是阻力稍大。也就是说,在提高稳健性的同时,会适当地降低气动性能。稳健性优化能很好地均衡性能和稳健性,在改善气动性能基础上又保证了气动性能的稳健性,这样更符合工程实际的要求。

第 7 章　基于变换策略的高维气动优化设计方法

高维气动优化设计的难点在于设计参数多,高维空间寻优难、耗时长。流形学习(manifold learning)是机器学习、模式识别中的一种方法,在维数缩减方面具有广泛的应用。它的主要思想是将高维的数据映射到低维,使低维的数据能够反映原高维数据的某些本质结构特征。针对高维气动优化问题,可以从气动外形参数化方法角度着手,借鉴机器学习领域中流形学习变换方法,通过参数空间变换,将高维气动优化设计问题转换为相对低维的气动优化设计问题,同时保持原始、高维参数化方法在设计空间寻优的潜力,达到降低高维气动优化难度、提升优化效率、改善优化效果的目的。

随着计算流体力学的快速发展,涉及外形参数化方法、网格变形技术、优化算法及气动分析方法的气动外形优化设计得到了广泛的关注。其中,外形参数化方法对气动设计的效率及效果产生很大的影响。好的参数化方法应具备以较少参数表示几何形状,且在设计空间内能够涵盖尽可能多的潜在外形的能力。通常,对于某种翼型参数化方法(例如 Hicks - Henne 函数方法、CST 方法、B 样条和 FFD 方法),用来描述翼型几何形状的参数越多,该参数化方法描述翼型形状的变化能力越强,在设计空间中所包含的潜在的翼型形状越多。理论上讲,设计参数越多越有利于寻求最优设计。但是,设计变量的维数过多会造成优化算法寻优难度加大,使得优化收敛速度变慢,同时也不利于寻找最优设计结果。这就存在如下矛盾:使用较少的参数,虽然能够降优化算法的寻优难度并加快优化算法收敛效率,但由于参数化方法的潜力有限,常常无法获取合理的气动设计解;而增加设计变量维数,却会增加优化算法寻优的难度,甚至导致无法得到最优设计解。

本章提出一种更通用、更简洁的基于 POD 和 CST 方法的参数空间变换方法。该方法不需要事先通过构建代理模型获取一系列优化翼型作为 POD 样本,而是选择含有高维参数的翼型参数化方法来描述翼型,直接通过参数摄动获得翼型样本,进而通过 POD 方法获取降维的参数化翼型形状。这样既降低了设计变量维数,又能够基本保持原始参数化方法在设计空间内的寻优潜力。采用 RAE2822 翼型跨声速减阻标准模型来验证该参数化方法的优化效果。

7.1　POD 方法介绍

POD 方法作为一种基于数据的降维分析方法,可以将样本数据分解成为一组正交基函数[215-217],实现仅用较少的 POD 正交基函数就能获取尽可能多的样本特征。对于任意的函数 $u(x)$ 可以由 n 个基函数的组合形式表示:

$$u(\boldsymbol{x}) = \sum_{i=1}^{n} a_i \Phi_i(\boldsymbol{x}) \qquad (7-1)$$

采用 POD 方法求式(7-1)中最优的一组基函数,在数学上表示为函数在基上投影的最大值:

$$\max \frac{\langle |(u,\Phi)|^2 \rangle}{\|\Phi\|^2} \qquad (7-2)$$

将式(7-2)进行变分可得

$$\int_{\Omega} \boldsymbol{R}(\boldsymbol{x},\boldsymbol{x}') \Phi(\boldsymbol{x}') \mathrm{d}\boldsymbol{x}' = \lambda \Phi(\boldsymbol{x}) \qquad (7-3)$$

由式(7-3)可知,POD 基为求解相关函数 $\boldsymbol{R}$ 的特征函数。对于有限维情况 $\boldsymbol{R} = \langle u \otimes u^* \rangle$。选择一组样本 $\{U^k\}_{k=1}^{m}$,求解相关矩阵。

$$\boldsymbol{R}_{ik} = \frac{1}{m}(U^i, U^k) \qquad (7-4)$$

求解特征值问题

$$\boldsymbol{R}a = \lambda a \qquad (7-5)$$

那么,第 i 个 POD 基可以表示为

$$\Phi_i = \sum_{j=1}^{m} v_j U^i \qquad (7-6)$$

特征值的大小表征了该特征值对应的 POD 基所包含的特征的多少。前 n 个 POD 基所包含的集合特征的多少,可通过它们所包含的广义能来表征,其定义为

$$E = \frac{\sum_{i=1}^{n} \lambda^{(i)}}{\sum_{j=1}^{k} \lambda^{(j)}} \qquad (7-7)$$

一般情况下,特征值序列 $\lambda^{(1)}, \lambda^{(2)}, \cdots, \lambda^{(k)}$ 衰减很快,往往前几个 POD 基就能包含 90% 以上的广义能。因此,一般几个 POD 基就可以描述系统的主要特征。

7.2 基于 POD - CST 的参数空间变换方法的构建

气动外形参数化方法的参数维数越多,其描述设计空间内的潜在气动外形的能力就越强。采用含有高维参数的参数化方法拟合初始翼型,假设参数个数为 N。通过扰动这 N 个参数进行随机抽样,便可获取翼型表面点的信息作为样本,然后进行 POD 分析。具体如下:

$$\boldsymbol{S} = \begin{bmatrix} s_1 & s_2 & \cdots & s_N \end{bmatrix} \qquad (7-8)$$

获取平均向量:

$$\bar{\boldsymbol{s}} = \frac{1}{N} \sum_{i=1}^{N} s_i \qquad (7-9)$$

进而构建出相关矩阵:

$$\boldsymbol{R} = \boldsymbol{X}^{\mathrm{T}} \boldsymbol{X} \qquad (7-10)$$

式中，$X = S - \bar{s}$。对相关矩阵 R 特征分析即可获取相应的特征值及特征向量 v。那么翼型几何形状可由下式表示：

$$s = \bar{s} + \sum_{i=1}^{n} \alpha_i \upsilon_i \tag{7-11}$$

以 NACA0012 翼型上表面为例，采用 12 个 CST 参数描述翼型上表面几何形状，随机扰动 CST 参数获取一组翼型作为样本快照，通过 POD 分析获取一组正交的 POD 基描述翼型几何形状的变化。图 7-1 给出了 POD 分析所得到的特征值随着模态数目的变化情况，从图中特征值分布可以看出特征值序列衰减很快，且前 6 阶模态的占比已达到 98%。在设计空间内随机抽取 10 个翼型作为测试翼型，进行拟合误差分析，可以看出当模态阶数达到 6 阶以上时，误差已经得到了很大幅度的下降（见图 7-2）。图 7-3 给出了翼型上表面前 6 阶 POD 基的形状，为正弦形式的曲线，随着阶数的增加，POD 基所包含的峰谷的数量增加，描述翼型形状越精细。由此可知，随着阶数的增加，高阶的 POD 基在描述翼型中逐渐处于次要成分，前 6 阶模态就足以描述翼型形状的变化。如图 7-4 所示为翼型上表面前 6 阶模态的变形情况，可以看出模态 1 的变形主要体现在厚度方向的伸缩变形，可认为模态 1 主要造成翼型厚度的改变；模态 2 的变形主要体现在最大厚度沿弦向平移的变形，可认为模态 2 主要造成翼型弯度的改变；模态 3～6 主要表现为挤压模态。

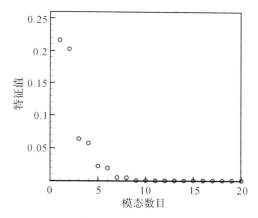

图 7-1　特征值随着模态数目变化情况

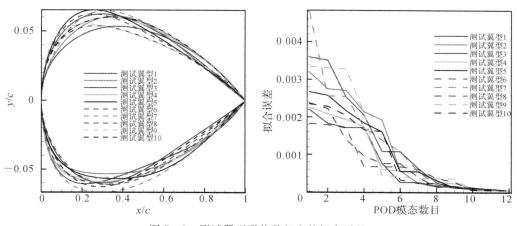

图 7-2　测试翼型形状及相应的拟合误差

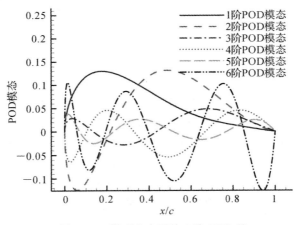

图 7 - 3 翼型上表面前 6 阶 POD 基

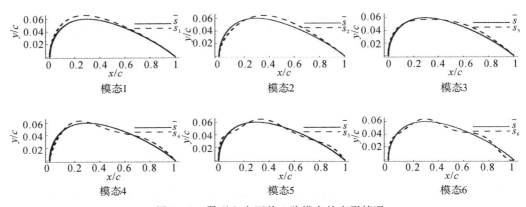

图 7 - 4 翼型上表面前 6 阶模态的变形情况

7.3 RAE2822 翼型跨声速减阻优化设计

7.3.1 气动标模介绍

本节采用 AIAA 气动设计优化讨论组的标准气动优化模型进行减阻设计优化[218-219]。设计模型为 RAE2822 翼型,设计状态为 $Ma=0.734$,$Re=6.5\times10^{6}$,该气动优化问题的数学模型如下:

$$
\begin{aligned}
\min \quad & C_d \\
\text{s. t.} \quad & C_l \geqslant 0.824 \\
& C_m \geqslant -0.092 \\
& A \geqslant A_{\text{initial}}
\end{aligned}
\right\} \tag{7-12}
$$

式中，C_l、C_d、C_m 分别为翼型的升力、阻力和俯仰力矩系数；A 和 A_{initial} 分别表示优化翼型和初始翼型的面积。

采用课题组发展的 GFSI 程序进行定常流场求解，关于程序可靠性的验证请参考第 2 章。在进行优化设计之前，对初始设计翼型 RAE2822 进行流场网格收敛性研究，见表 7-1。采用的网格尺度为 256×120 的流场网格进行气动优化设计，其流场网格如图 7-5 所示。

表 7-1　RAE2822 翼型气动性能网格收敛性

网格尺度	C_l/cts	C_d/cts
128×64	82.4	208.6
192×96	82.4	202.3
256×120	82.4	195.3
320×160	82.4	194.9
448×256	82.4	194.8

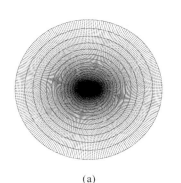 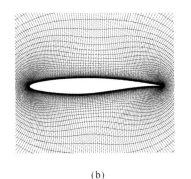

(a)　　　　　　　　　　(b)

图 7-5　RAE2822 翼型流场网格

(a)全局网格；　(b)局部网格

以 18 个参数的 CST 为例，在设计空间内，采用拉丁超立方对 CST 参数进行随机抽样，获取一组翼型作为样本快照，通过 POD 分析获取一组正交基并根据方程(7-12)描述翼型几何形状的变化。图 7-6 给出了特征值随着模态数目的变化情况，可以计算出前 6 阶模态的占比达到 90% 以上。将该 CST-POD 参数化方法与 CST 参数化方法用于上述的标准优化算例中并进行气动设计优化对比研究。在直接优化框架和基于代理模型的优化设计框架下分别验证 CST-POD 参数化方法的优越性。

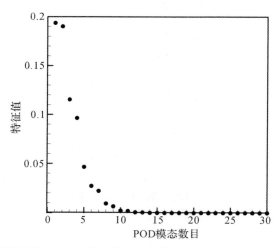

图 7-6　特征值随着 POD 模态数目变化情况(18WH CST 参数,RAE2822)

7.3.2　气动优化结果对比(直接优化框架)

采用 DE 算法直接调用 CFD 程序进行气动设计优化,其优化的框架如图 4-5 所示。在这种直接优化的框架下,分别采用 2、4、6 和 10 个 POD 基及 6、10 和 18 个 CST 参数描述翼型形状的变化并进行气动外形优化设计对比研究。为了消除参数化方法之外的影响因素,在对比研究中保持 DE 算法的参数一致具体设置为:变异率 $F=0.6$,杂交因子 $C_R=0.7$,$N_p=15$。

图 7-7 给出了不同设计变量个数的 CST-POD 和 CST 方法所对应的气动外形优化设计收敛过程,可以看出:2、4 个设计变量的 CST-POD 方法对应的优化结果较差,究其原因是前 4 阶 POD 模态所占比重不足,描述潜在优化翼型的能力较弱。当 POD 模态的数量达到 6 个以上时,优化的效果较好,达到可接受的标准,阻力系数降到 112.9～116.4 cts 之间。另外,与 CST 参数化方法相应的优化结果对比,CST-POD 参数化方法的优化效果和收敛效率明显好于 CST 参数化方法。表 7-2 给出了不同设计变量维数的 CST-POD 和 CST 方法所对应的最优翼型气动力系数的比较情况,可以看出随着设计变量维数的增加,POD-CST 方法对应的最优阻力系数先减小后增大,其中 6 阶 POD 基对应的优化结果最好,6 个 CST-POD 参数的优化的阻力系数可达到 112.9 cts,且 6 个 CST-POD 基对应的优化结果明显要好于 6 个 CST 参数的优化结果,也说明了 6 个 CST-POD 的寻优潜力要好于 6 个 CST 参数。从图 7-7 中还可以看出,6 个 CST-POD 参数对应的优化结果明显好于 18 个 CST 参数对应的优化结果。图 7-8 给出了优化前后压力系数分布及翼型形状的比较情况,6 个设计变量的 CST-POD 方法对应的最优翼型的激波强度明显要小于原始 CST 参数化方法的结果,还可以看出 6 个 POD 参数优化的翼型最大厚度相比于 CST 参数后移,这正好解释了激波强度稍弱的原因。

气动优化的设计结果对比分析,可以验证该方法在直接气动外形优化设计框架中的优越性。该参数化方法能够大幅度降低描述翼型几何形状变化的参数维数，并且能够很好地保持原始高维参数化方法的寻优潜力。参数维数的大幅降低有助于降低寻优难度，从而有利于获取更好的气动优化结果。

表 7 - 2　优化前后翼型气动性能的比较情况

	N	C_l/cts	C_d/cts	C_m	A
RAE2822		82.4	195.3	−0.092 0	0.077 94
CST - POD	2	82.4	196.0	−0.091 9	0.077 94
	4	82.4	139.3	−0.091 8	0.077 94
	6	82.4	112.9	−0.082 2	0.077 94
	8	82.4	114.9	−0.092 0	0.077 94
	10	82.4	115.6	−0.085 7	0.077 94
	12	82.4	116.4	−0.090 6	0.077 94
CST	6	82.4	127.3	−0.091 4	0.077 94
	10	82.4	124.4	−0.073 6	0.077 94
	18	82.4	129.2	−0.091 7	0.0779 4
文献[219]优化解 （网格尺寸：256×128）		82.4	113.99	—	—

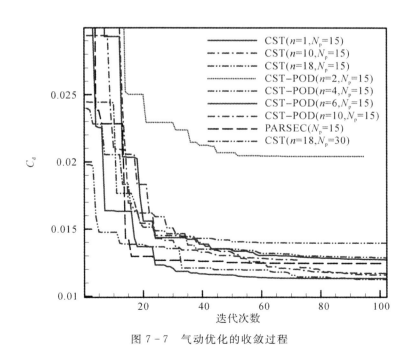

图 7 - 7　气动优化的收敛过程

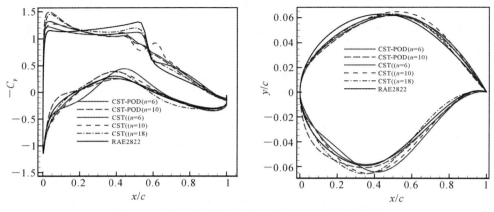

图 7-8　优化前后压力系数及翼型形状的比较情况

7.3.2　气动优化结果对比(基于代理模型优化框架)

将 CST-POD 及 CST 方法应用于基于代理模型优化框架并进行优化结果对比研究,目的是在基于代理模型的优化框架内,验证所发展的参数化方法的优越性。本节所采用的代理模型是基于自适应的 Kriging 模型方法。在这种自适应的优化框架下,首先构建初始的代理模型,然后根据优化进程对模型进行更新,直到满足收敛条件为止。本节分别采用 6 个和 12 个参数的 POD-CST 参数化方法及 6 个、12 个和 18 个参数的 CST 参数方法描述翼型形状的变化并进行气动外形优化设计对比研究。

图 7-9 给出了不同参数的两种参数化方法所对应的阻力系数随着模型迭代的收敛情况,可以看出 6 个 POD 基对应的优化效率及结果明显要好于设计参数降维之前的优化结果,还可以看出优化前后翼型气动性能的比较情况。由于 6 个 POD 基几乎可以保持 18 个 CST 参数的描述翼型几何形状变化能力,从收敛曲线上可看出 6 个 POD 基的优化结果好于 6 个 CST 参数的优化结果。随着设计变量个数的增加,所构建的模型精度及优化能力不足,优化的效果变差,从图上可以明显地看出降维后的优化效果和效率都有很大的提高。表 7-3 给出了优化前后翼型气动性能的比较情况,可以看出 6 个 POD 基对应的优化阻力为 112 cts,优于国际同行的结果(113.9 cts)。图 7-10 给出了优化前后压力系数及翼型形状的比较情况,从 C_p 比较情况可以看出 6 个 POD 基所对应

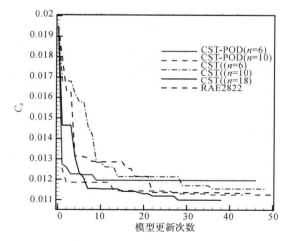

图 7-9　不同参数化方法的阻力系数随着
模型更新的收敛过程

的激波强度最小，从优化的翼型形状可以看出翼型形状的最大厚度后移，这有利于降低激波强度。

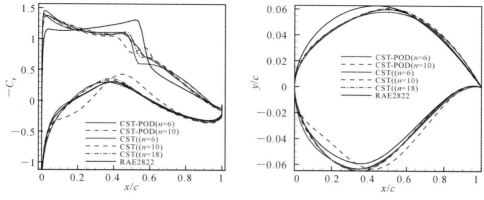

图 7-10　优化前后压力系数及翼型形状的比较情况

表 7-3　优化前后翼型气动性能的比较情况

	N	C_l/cts	C_d/cts	C_m	A
RAE2822		82.4	195.3	-0.0920	0.07794
CST-POD	6	82.4	112.0	-0.0822	0.07794
	12	82.4	113.8	-0.0822	0.07794
	18	82.4	132.0	-0.0887	0.07794
CST	6	82.4	120.1	-0.0872	0.07794
	12	82.4	113.2	-0.0889	0.07795
	18	82.4	115.5	-0.0860	0.07794
文献[219]优化结果 （网格尺寸：256×128）		82.4	113.99	—	—

通过本节气动优化设计的结果对比分析，可以验证该方法在基于代理模型的优化设计框架中的优越性。该参数化方法能够大幅度降低描述翼型几何形状变化的参数个数，能够大幅降低寻优难度及模型的建模难度，从而有利于获取更好的气动优化结果。

7.3.4　气动优化设计标准模型的优化结果比较

美国 AIAA 气动设计优化讨论组提供的黏性流动 RAE2822 翼型跨声速减阻气动优化设计的标准化模型存在大量的优化的结果可用来比较，以验证所构建的气动外形优化设计框架（DO、SBO）的优化效果。

表 7-4 给出了与其他国际同行的优化结果的比较情况，可以看出所构建的气动外形优化设计框架的优化的阻力系数 C_d 值小于其他国际同行的优化结果。这里需要指出的是，由于采

用不同的 CFD 求解器、网格类型等,所以优化的效果并不能仅仅从 C_d 的数值上反映出来。因此,通过比较阻力系数的下降幅度 ΔC_d,可以看出,阻力系数 C_d 的下降幅度集中在 40% 左右,本章所构建的气动外形优化框架的优化阻力系数 C_d 分别减少了 42%(DO)和 43%(SBO)。图 7-12 给出了优化外形对应的压力系数 C_p 分布的比较情况可以看出,所构建的优化方法获取的最优翼型的激波强度(DO、SBO)明显低于其他国际同行的优化结果。从标准模型优化结果的比较情况,可以看出,所构建优化框架能够获取比国际同行更好的优化效果。此外,还比较了 SBO 方法的计算量,从表中可以看出所构建的 SBO 框架的 CFD 调用次数明显要少于国际同行的 SBO 方法的计算量。

表 7-4   准模型的优化结果的比较(与国际同行的优化结果)

参考文献	优化后 C_d/cts	优化前 C_d/cts	ΔC_d	优化方法	参数化方法	维数	CFD 次数
Lee[220]	132.0	234.0	44%	Gradient-based	BSpline	34	250
Ren[221]	131.0	220.0	40%	Multi-fidelity	BSpline	8	130
Leifsson[222]	127.0	165.0	23%	Multi-fidelity, SBO	PARSEC	11	676
Zhang[223] (grid size:256×128)	113.99	208.1	45%	SBO	CST	18	592
Iuliano[224]	118.0	194.0	39%	SBO	CST	14	87
Present (DO)	112.9	195.3	42%	Gradient-free, DE	CST-POD	6	1 050
Present (SBO)	112.0	195.3	42%	SBO	CST-POD	6	38

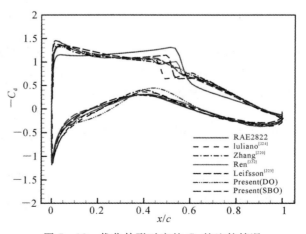

图 7-12   优化外形对应的 C_p 的比较情况

7.4　三维机翼的气动外形优化设计

7.4.1　三维模型介绍

采用一个简单的三维机翼进行跨声速气动外形优化设计,验证所提出的方法在高维气动优化设计中的优越性。所选机翼的平面几何形状参数为:根部弦长 $c=1$ m,展长 $b=1.5$ m,前缘后掠角为 $\Lambda=30°$,根梢比 $\Gamma=0.5$,机翼的横截面翼型形状为 NACA0012,机翼的气动网格采用非结构网格,如图 7-13 所示。通过 CFD 数值模拟求解基于 S-A 湍流模型的可压缩雷诺平均 N-S 控制方程,设计的流动状态为:$Ma=0.83$,$\alpha=3.06°$,$Re=6.5×10^6$。机翼气动外形参数化方法采用 3.4 节介绍的三维 CST 方法,气动网格变形采用基于 RBF 的网格变形方法。通过改变三维 CST 参数化方法的参数 n 和 m 来控制设计变量的维数,设计参数维数为 200。图 7-14 给出了特征值随着 POD 模态数目变化情况,可以计算出前 20 阶模态的占比达到 90% 以上。本节通过 POD 分析将参数空间维数降为 20,即采用 20 个 CST-POD 参数描述气动外形的变化。在优化过程中,DE 算法的参数保持一致,均设置为:变异率 $F=0.6$,杂交因子 $C_R=0.7$,$N_p=10$。

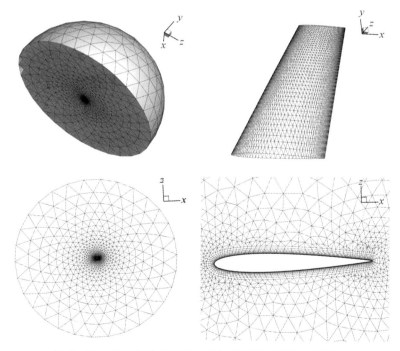

图 7-13　用于气动外形优化设计的三维机翼气动网格

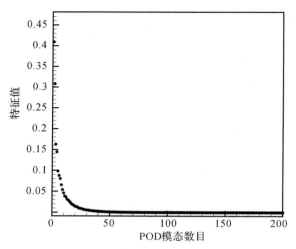

图 7-14　特征值随着 POD 模态数目变化情况(200 个 CST 参数,机翼)

7.4.2　气动优化结果对比(基于代理模型优化框架)

图 7-15 给出了基于代理模型优化的迭代过程,从图中可以看出 20 个 CST-POD 参数对应的优化收敛的效率及效果均好于 200 个 CST 参数对应的优化结果。图 7-16 给出了优化前后不同横截面压力系数的对比情况,可以看出 20 个 CST-POD 参数对应的优化各横截面的激波强度均要小于 200 个 CST 参数对应的优化结果。优化的对比结果表明,这种基于 POD 的参数空间变换方法可以大幅缩减参数个数,降低高维气动优化的难度,有助于更快地获取更好的气动优化设计结果。

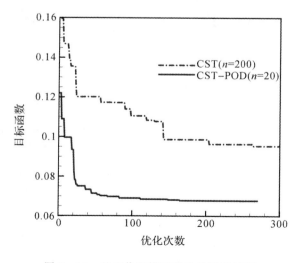

图 7-15　基于代理模型优化的迭代过程

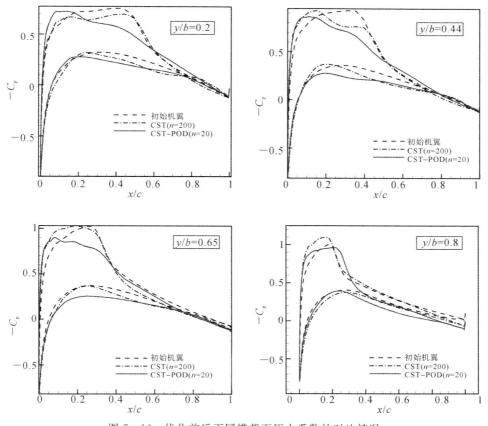

图 7 - 16　优化前后不同横截面压力系数的对比情况

7.5　本　章　小　结

本章将 POD 方法和翼型参数化方法(CST)相结合,提出了一种基于 POD - CST 的气动外形参数化方法。该方法可以在基本保持原始高维参数化方法寻优潜力的同时,大大减少设计变量的维数,达到降低优化算法的寻优及模型建模的难度的目的。将该参数化方法应用于 RAE2822 翼型跨声速黏性流气动减阻优化设计中,并采用 POD 和 18 个参数的 CST 方法所构建的 CST - POD 参数化方法进行优化,从优化结果可以看出 6 个 POD 模态对应的优化结果最好。将该方法应用于三维机翼的气动外形优化设计中,优化结果表明,这种基于 POD 的参数空间变换方法可以大幅缩减参数个数,降低高维气动优化的难度,有助于更快地获取更好的气动优化设计结果。

第8章 基于分解策略的高维
气动优化设计方法

由于 CFD 需要高昂的计算花费,所以基于代理模型的优化方法(SBO)被广泛应用于气动优化设计中。在基于代理模型的优化框架中,将 CFD 模拟工具视为黑箱子,采用数学模型近似替代,再通过优化算法调用该近似模型进行优化设计,便可以大幅提高气动优化设计的效率。尽管基于代理模型的优化方法在气动优化设计中取得了巨大的进展,但随着优化问题的复杂程度的增加,尤其针对高维问题,基于代理模型的优化方法显现出其缺点。现有的代理模型技术仅对低维问题有效,随着维数的增加,构建模型的精度无法保证,构建模型的计算花费随着维度的增加呈指数增长,即“维数灾难”。因此,解决高维昂贵黑箱子(HEB)的优化问题需要解决两方面问题:一是如何解决高维模型的建模问题;二是如何解决高维寻优问题。

近年来,基于高维模型表示(HDMR)的建模方法得到了广泛的研究。HDMR 可将一个可积函数写为不同维函数的叠加,且在积分空间存在唯一的、精确的高维模型表示。这种高维模型表示方法类似于泰勒展开,主要思想是将高维模型分解成一系列低维模型的叠加。通过这种高维模型分解的思路可以规避直接建立高维近似模型,而是通过建立一系列低维模型进行求和来近似高维模型。可想而知,建立高精度的低维模型要比建立高维模型容易得多。当前,对于低维模型的建模比较成熟,常用的建模方法有 Kriging、RBF 和 MLS 等。Wang 等人[224]介绍了一种针对高维问题的自适应 HDMR – MLS 建模技术。Cai 等人[225]针对高维工程问题提出了一种增强 HDMR – RBF 建模方法。Tang[226]采用 Kriging – HDMR 建模方法并与 MPS 优化方法结合进行了高强度钢弹性回流优化研究。Li 等人[227]提出了一种基于智能抽样方法的 HDMR 建模技术,该技术能够提高 HDMR 建模效率。Liu 等人[228]提出了一种限制计算花费条件的自适应 RBF – HDMR 建模方法。Cai 等人[229]提出一种基于 HDMR 的多精度模型建模方法,通过这种方法可以进一步降低高维问题建模的计算花费。这些研究主要关注的是如何建立精度高且适用于高维问题的 HDMR 代理模型。

然而,解决高维工程问题的优化设计问题,还需要耦合针对高维空间搜索能力强的优化搜索算法。对于大规模的高维优化问题,由于高维问题往往具有多个极值,传统的基于梯度类算法很容易陷入局部最优,而进化算法虽然具有寻找全局最优解的潜力,但其往往需要根据不同优化问题设置不同的参数,例如,种群大小、交叉概率因子以及遗传概率因子等,因此,针对高维的优化问题,进化算法由于其自身的缺陷往往也无法有效地处理高维优化问题。这就需要针对 HEB 问题,探寻搜索能力强的优化算法。近年来,Rao 等人[230]提出了一种基于“教”与“学”模式的优化算法,该算法是一种无参数的优化算法并且能够很好地处理高维非线性问题,由于优良的搜索特性及无参数设置,该算法得到了快速发展[231-232]。

本章提出一种基于 HDMR 的高维气动优化设计方法,该方法采用 HDMR 方法通过将高维模型建模分解成一系列低维模型的建模,达到建立高维模型的目的,进而通过 TLBO 优化算法调用所建立的高维模型进行优化。在优化过程中,为了减少优化所需的样本数量,采用了自适应的加点策略,最后通过一系列的算例验证所提方法的可行性,并进行高维的气动外形设计。

8.1　基于 HDMR 分解策略的建模技术

8.1.1　HDMR 建模

HDMR 通过一系列定量模型分析或评估来表述高维问题输入和输出之间的关系。对于 n 维的输入变量 $\boldsymbol{x} = \begin{bmatrix} x_1 & x_2 & \cdots & x_n \end{bmatrix}^{\mathrm{T}} \in \mathbf{R}^n$,那么输出函数 $f(\boldsymbol{x})$ 可以展开为有限个函数叠加,即

$$f(\boldsymbol{x}) = f_0 + \sum_{i=1}^{n} f_i(x_i) + \sum_{1 \leqslant i < j \leqslant n}^{n} f_{ij}(x_i, x_j) + \sum_{1 \leqslant i < j < k \leqslant n}^{n} f_{ij}(x_i, x_j, x_k) + \cdots +$$

$$\sum_{1 \leqslant i_1 < \cdots < i_l \leqslant j} f_{i_1 i_2 \cdots i_l}(x_{i_1}, x_{i_2}, x_{i_l}) \cdots + f_{12 \cdots n}(x_1, x_2, \cdots, x_n) \tag{8-1}$$

其中,f_0 是常数项,表示对 $f(\boldsymbol{x})$ 的零阶效应;$f_i(x_i)$ 表示第 i 个变量 x_i 对 $f(\boldsymbol{x})$ 的单独影响,即一阶效应;$f_{ij}(x_i, x_j)$ 表示变量 x_i 和 x_j 对 $f(\boldsymbol{x})$ 的交叉作用,即二阶效应;以此类推。考虑工程问题一般表现为低相关性,式(8-1)中的高阶项可以忽略,仅考虑到二阶效应,即

$$f(\boldsymbol{x}) \approx f_0 + \sum_{i=1}^{n} f_i(x_i) + \sum_{1 \leqslant i < j \leqslant n}^{n} f_{ij}(x_i, x_j) \tag{8-2}$$

通过式(8-2)可以看出一个高维的函数可以分解成一系列的一维或者二维函数的叠加。选取一个参考点(一般选取均值点),通过式(8-3)～式(8-5)便可以准确地评估低阶函数 $f_i(x_i)$,$f_{ij}(x_i, x_j)$:

$$f_0 = f(x_c) \tag{8-3}$$

$$f_i(x_i) = f(x_i, \boldsymbol{x}_{\sim i}^c) - f_0 \tag{8-4}$$

$$f_{ij}(x_i, x_j) = f(x_i, x_j, \boldsymbol{x}_{\sim ij}^c) - f_i(x_i) - f_j(x_j) - f_0 \tag{8-5}$$

8.1.2　基于 Kriging 模型的 HDMR 建模思路

HDMR 可以将高维模型分解成一系列的一维和二维模型的叠加,这些低维模型是可以容易且准确地建模,从而通过建立的低维模型进行叠加,实现高维模型的建模。

本节采用 Kriging 模型构建 $f_i(x_i)$ 和 $f_{ij}(x_i, x_j)$ 的代理模型。Kriging 模型采用的是 MATLAB DACE 工具箱,具体建模过程如下。

(1)构建一阶项 $f_i(x_i)$ 的 Kriging 模型。

对第 i 个变量抽取 m_i 个样本,针对每一个样本,调用 $f(\boldsymbol{x})$ 计算一阶项 $f_i(x_i^k)$:

$$f_i(x_i^k) = f([\begin{matrix} x_1^c & x_2^c & \cdots & x_{i-1}^c & x_i^k & \cdots & x_n^c \end{matrix}]) - f_0, \quad k = 1, 2, \cdots, m_i \tag{8-6}$$

其中,$f_0 = f(\boldsymbol{x}^c)$。根据所计算的 $f_i(x_i^1), f_i(x_i^2), \cdots, f_i(x_i^{m_i})$,便可以建立近似的一维 Kriging 模型 $\hat{f}_i(x_i)$。

(2) 构建二阶项 $f_{ij}(x_i,x_j)$ 的 Kriging 模型。

对第 i、j 个变量抽取 m_{ij} 个样本,针对每一个样本,调用 $f(x)$ 计算二阶项 $f_{ij}(x_i,x_j)$:

$$f_{ij}(x_i,x_j) = f([x_i^c \quad x_2^c \quad \cdots \quad x_{i-1}^c \quad x_i^l \quad \cdots \quad x_{j-1}^c \quad x_j^k \quad x_{j+1}^c \quad \cdots \quad x_n^c]) - f_i(x_i^l) - f_j(x_j^k) - f_0 \tag{8-7}$$

根据所计算的 $f_{ij}(x_i^l,x_j^k)$ 值可构建近似的二维 Kriging 模型 $\hat{f}_{ij}(x_i,x_j)$。

所有的一维和二维 Kriging 模型构建完毕之后,即可构建与高维模型 $f(x)$ 近似的 HDMR-Kriging 模型 $\hat{f}(x)$:

$$\hat{f}(x) \cong f_0 + \sum_{i=1}^{n}\hat{f}_i(x_i) + \sum_{1 \leqslant i < j \leqslant n}^{n}\hat{f}_{ij}(x_i,x_j) \tag{8-8}$$

通过方程式(8-8)可知,通过构建一系列的一维模型 $\hat{f}_i(x_i)$ 和二维模型 $\hat{f}_{ij}(x_i,x_j)$ 可近似表示高维的 HDMR-Kriging 模型 $\hat{f}(x)$。这样,便解决了高维问题建模精度无法保证的问题。

8.2 基于"教"与"学"模式的优化算法

梯度算法及进化算法存在对高维问题优化能力不足的缺点。本节简要介绍一种新的针对高维问题的优化算法——基于"教"与"学"模式的优化算法(TLBO)。

TLBO 算法是由 Rao 等人于 2011 年提出来的一种根据教学-学习模式开发的种群算法,由于其简单易于实现,具有强大的优化能力,TLBO 算法能很好地处理高维优化问题。

与粒子群算法的概念相类似,群里面的个体被赋予了"教师"与"学生"两种概念。"学生"即集体里面表现普通的个体,用 X^{student} 来表示;"教师"则是从"学生"中间选取,是当前的集体中适应度最优的个体,用 X^{teacher} 来表示。

在 TLBO 算法中,粒子适应度的提高是通过"教师"向"学生"的"教"与"学生"之间互相的"学"来进行。"教"的过程类比老师教学生,学生通过老师的信息来提升自己。在 TLBO 算法的一个迭代步中的教学过程中,首先通过比较个体之间的适应度,选取适应度最高的个体 X^{teacher},计算学生 X^{student} 位置的改变:

$$\text{Differnce\_Mean}_i = r_i(X^{\text{teacher}} - T_F X^{\text{mean}})$$

其中,X^{mean} 表示当前所有个体的位置的平均,计算公式:

$$X^{\text{mean}} = \frac{\sum_{i=1}^{N_p}X_i}{N_p}$$

r_i 是引入的随机因子;T_F 是教学因子,计算公式为

$$T_F = \text{round}[1 + \text{rand}(0,1)\{2-1\}]$$

在"学"的过程中,类比学生之间相互指导,两个学生之间通过对比,表现更好的学生指导另一个学生进行一定的提高。"学"过程的步骤用下面的公式表示:

$$\begin{cases} X_i^{g+1} = X_i^g + r_i(X_i^g - X_j^g), & f(X_i^g) < f(X_j^g) \\ X_i^{g+1} = X_i^g + r_i(X_j^g - X_i^g), & f(X_i^g) \geqslant f(X_j^g) \end{cases}$$

TLBO 的运行步骤如下:

(1)设置初始参数 N_p,最大迭代步数 G_{max}。

（2）在所选设计空间，初始化种群个体（学生），并评估个体的知识水平（函数适应值）。

（3）选择最好的个体作为老师 X^{teacher}，并计算平均知识水平 X^{mean}。

（4）进行"教"阶段。

（5）进行"学"阶段。

（6）判断是否满足收敛条件，如果满足收敛条件，则优化结束；否则迭代次数 $t = t+1$，并转至（3）继续。

TLBO 的流程图如图 8-1 所示。

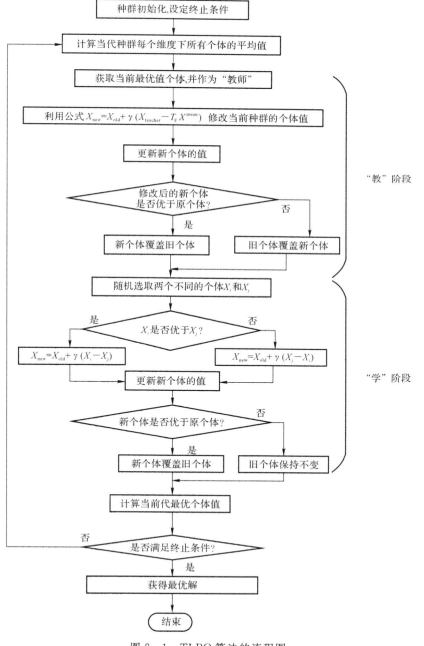

图 8-1　TLBO 算法的流程图

8.3　基于 HDMR 与 TLBO 的代理模型优化框架

解决 HEB 优化问题需要考虑两方面问题:一是建立与高维黑箱近似等价的高维代理模型,二是发展对大规模优化问题寻优能力强的优化算法。

HDMR 提供一种模型降维思想,将高维模型分解成一系列的一维和二维模型来近似表示高维黑箱,这样可以大大降低建模的难度。通过建立一系列的低维 Kriging 模型进行叠加来近似描述高维黑箱模型。在基于代理模型的优化中,建立准确的全局代理模型一般需要大量的样本点,而人们一般关心最优解附近区域的模型精度,为了减小计算样本数量,在最优解附近区域加点,这样可以在满足优化效果的同时适当降低所添加样本的数量。通过优化进程,提出了自适应的基于 HDMR 和 TLBO 的优化方法,具体的优化流程图如图 8-2 所示。

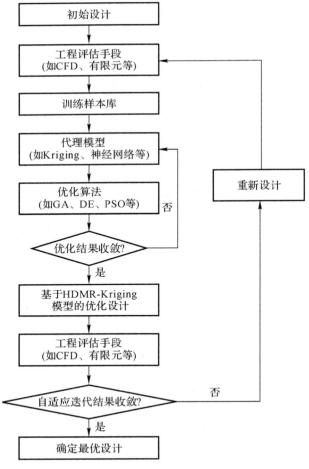

图 8-2　自适应的基于 HDMR 优化框架

（1）首先建立初始的 HDMR – Kriging 模型，将设计空间归一化到 $[0,1]^n$，建立初始模型的步骤如下：

1）选取设计空间的随机点或中心点作为 HDMR 的参考点 x_0。

2）再选取两个边界点 (x_i^+,x_0^i) 和 (x_i^-,x_0^i)，根据所选的 3 个初始样本点，建立第 i 个一阶模型 $\hat{f}_i$。

3）建立一阶的 HDMR – Kriging 模型 $\hat{f}(x)=f_0+\sum_{i=1}^{n}\hat{f}_i(x_i)$ 之后，选择边界点 $(x_1^+,\cdots,x_n^+)$，检验是否存在二阶项。具体地，在验证点上，判断相对误差（$\left|\dfrac{(\hat{f}-f)}{f}\right|$）是否小于给定的误差。如果满足，初始模型建立完成；如果不满足，进行二阶项模型建模。

4）在切割平面 i-j 平面，选择验证点 (x_i^+,x_j^+,x_0^{ij})，验证变量 x_i 与 x_j 之间的相关性。判断相对误差 $\left|\dfrac{f(x_i^+,x_j^+,x_0^{ij})-\hat{f}_i(x_i^+)-\hat{f}_j(x_j^+)-f_0}{f(x_i^+,x_j^+,x_0^{ij})}\right|$ 是否小于设定误差，并判定二阶项的项数，进而建立二阶项近似 Kriging 模型 $\hat{f}_{ij}$。

5）建立初始的 HDMR – Kriging 模型 $\hat{f}(x)=f_0+\sum_{i=1}^{n}\hat{f}_i(x_i)+\sum_{1<i<j<n}^{n}\hat{f}_{ij}(x_i,x_j)$。

（2）根据建立的初始 HDMR – Kriging 模型，采用 TLBO 优化算法调用该模型进行寻优。

（3）判断优化的结果是否满足优化的收敛条件，如不满足，进行（4）；如满足，优化进程结束。

（4）根据优化结果采样并产生新的样本点，将该样本点加入模型训练库中，通过投影操作，将该样本点投影到轴上及切割面上，并建立一维及二维 Kriging 模型并更新 HDMR – Kriging 模型。迭代过程返回（2）。

（5）优化过程循环迭代，直至满足收敛条件。

8.4　数值算例验证

在进行高维气动外形优化设计之前，本节选择几个代表性函数作为优化数值算例（优化目标函数最小），验证本章所提出的 HDMR – TLBO 方法的优化效果及其相比于其他方法的优越性。首先，采用 HDMR – TLBO，HDMR – GA 和 Kriging – TLBO 进行优化，HDMR – TLBO 方法在图 8 – 2 优化框架下，子优化（sub – optimization）采用 TLBO 算法调用 HDMR – Kriging 模型进行优化。HDMR – GA 方法在图 8 – 2 优化框架下，子优化用遗传算法 GA 调用 HDMR – Kriging 模型进行优化。Kriging – TLBO 在图 4 – 5 基于代理模型优化框架下，子优化采用 TLBO 算法调用 Kriging 模型进行优化。

表 8 – 1 给出了所选验证算例的函数编号、函数表达式及优化范围。F1 函数是一个包含多极值的 2 维函数，图 8 – 3（a）给出了 F1 函数的 Contour 云图，可以看出 F1 函数含有 6 个极值。图 8 – 3（b）给出了 HDMR – TLBO 方法优化 F1 函数的优化历程，可以看出 HDMR – TLBO 优化迭代了 13 次，优化收敛到最小值 −1.031 6，这也是该函数最小值的理论解，说明 HDMR – TLBO 优化方法是正确的、可行的。

分别采用三种方法对 F2 函数（16 维）和 F3 函数（50 维、100 维）进行优化。优化过程中，TLBO 和遗传算法 GA 的种群数量和最大迭代代数设置相同，均为 $N_p=10$，$G_{max}=500$。图

8-4给出了三种方法分析 F2 函数的优化迭代过程,可以看出,HDMR-TLBO 方法优化迭代了 10 次便可以精确收敛到理论最小值 25.875,而 Kriging-TLBO 方法对 F2 函数优化迭代了 150 次获得的最优值为 27.310,说明对于这个 16 维的函数,HDMR-Kriging 模型的准确度要好于 Kriging 模型。从图 8-4 还可以看出,HDMR-TLBO 的优化效果及收敛速度都要好于 HDMR-GA 方法,这也说明在 HDMR 框架中,TLBO 算法优化效果要好于遗传算法。图 8-5 给出了 50 维和 100 维 F3 函数的优化迭代过程,可以看出 HDMR-TLBO 方法的优化效果明显好于其他两种方法。从表 8-2 中可以看出,HDMR-TLBO 优化 50 维的 F3 函数的最小值为 3.87×10^{-10};HDMR-GA 优化 50 维的 F3 函数的最小值为 3.83×10^{-1};Kriging-TLBO 优化 100 维的 F3 函数的最小值为 1.05,HDMR-TLBO 优化 50 维的 F3 函数的最小值为 2.93×10^{-10},HDMR-GA 优化 100 维的 F3 函数的最小值为 5.82×10^{-1};Kriging-TLBO 优化 100 维的 F3 函数的最小值为 1.05。从图 8-5 中还可以看出,HDMR-TLBO 仅需几次优化迭代便可以获取比用 Kriging-TLBO 方法几百次优化迭代更好的优化结果。

表 8-1　所选取验证算例的函数表达式

测试函数	函数表达式	范　围
F1	$f(\boldsymbol{x}) = 4x_1^2 - 2.1x_1^4 + \dfrac{1}{3}x_1^6 + x_1x_2 - 4x_2^2 + 4x_2^4$	$x_i \in [-2,2]$
F2	$f(\boldsymbol{x}) = \displaystyle\sum_{i=1}^{16}\sum_{j=1}^{16} a_{ij}(x_i^2 + x_i + 1)(x_j^2 + x_j + 1), \quad i,j = 1,2,\cdots,16$	$x_i \in [-1,1]$
F3	$f(\boldsymbol{x}) = \dfrac{1}{4\,000}\displaystyle\sum_{i=1}^{d} x_i^2 - \prod_{i=1}^{d}\cos\left(\dfrac{x_i}{\sqrt{i}}\right) + 1$	$x_i \in [-20,30]$
F4	$f(\boldsymbol{x}) = \displaystyle\sum_{1}^{n}(1 - x_i)^2$	$x_i \in [-2,2]$

注:F2 中,矩阵 $\boldsymbol{a}$ 如下:

$$
\boldsymbol{a} = \begin{bmatrix}
0&0&0&1&0&0&1&1&0&0&0&0&0&0&0&1\\
0&1&1&0&0&0&1&0&0&1&0&0&0&0&0&0\\
0&0&1&0&0&0&1&0&1&1&0&0&0&0&1&0\\
0&0&0&1&0&0&0&0&0&0&1&0&0&0&1&0\\
0&0&0&0&1&1&0&0&0&1&0&1&0&0&0&1\\
0&0&0&0&0&1&1&1&0&0&0&0&0&0&0&0\\
0&0&0&0&0&0&1&0&0&0&0&1&0&0&0&0\\
0&0&0&0&0&0&1&0&1&0&0&0&0&0&1&0\\
0&0&0&0&0&0&0&0&1&0&1&0&0&0&0&1\\
0&0&0&0&0&0&0&0&0&1&0&1&0&0&0&1\\
0&0&0&0&0&0&0&0&0&0&1&0&1&0&0&0\\
0&0&0&0&0&0&0&0&0&0&0&1&0&1&0&0\\
0&0&0&0&0&0&0&0&0&0&0&0&1&1&0&0\\
0&0&0&0&0&0&0&0&0&0&0&0&0&1&0&0\\
0&0&0&0&0&0&0&0&0&0&0&0&0&0&1&0\\
0&0&0&0&0&0&0&0&0&0&0&0&0&0&0&1
\end{bmatrix}
$$

图 8 - 6 给出了 F4 函数在 $n=5$、10、20、50、100、200 时的优化结果对比情况,从图中可以看出 5、10、20 维问题,HDMR - TLBO 和 Kriging - TLBO 都能很好地优化到最小值。当维数较高(如 $n=50$、100、200)时,HDMR - TLBO 的优化效果明显要好于 Kriging - TLBO。

从 F1~F4 函数的优化结果可以验证 HDMR - TLBO 方法的正确性及针对高维优化问题的优越性。另外,还可以看出,相比于 Kriging - TLBO 方法,HDMR - TLBO 方法的优化迭代次数大幅减少,由于采用优化算法调用高维模型相当耗时,所以优化迭代次数的减少有利于节约计算时间。

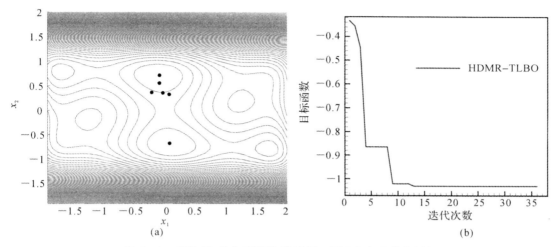

图 8 - 3　函数 F1 分布云图及 HDMR - TLBO 方法优化历程

(a)Contour 云图;　(b)HDMR - TLBO 方法的优化历程

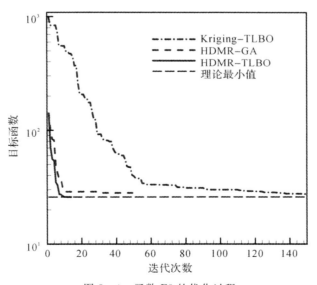

图 8 - 4　函数 F2 的优化过程

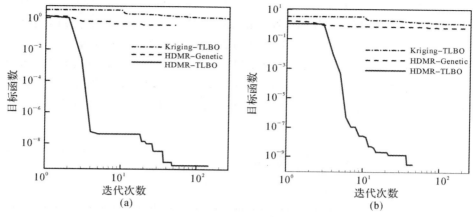

图 8-5 函数 F3 的优化迭代过程

（a）50 维； （b）100 维

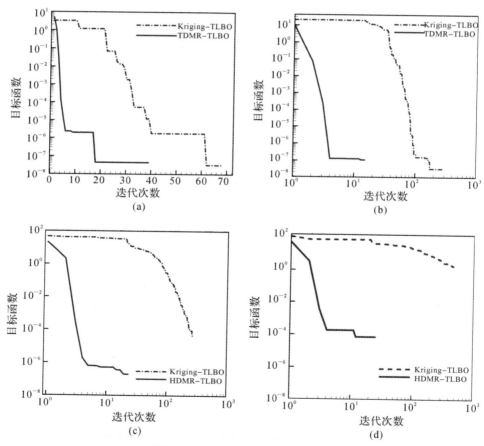

图 8-6 函数 F4 的优化迭代过程

（a）5 维； （b）10 维； （c）20 维； （e）50 维

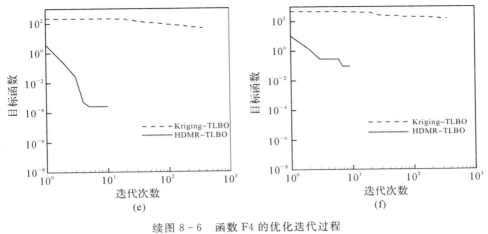

续图 8-6 函数 F4 的优化迭代过程

(e)100 维; (f)200 维

表 8-2 优化结果对比情况

	F1	F2	F3($n=50$)	F3($n=100$)
Kriging	$-1.031\ 6$	27.310	1.05	1.05
HDMR-GA	$-1.031\ 6$	28.075	3.83×10^{-1}	5.82×10^{-1}
HDMR-TLBO	$-1.031\ 6$	25.875	3.87×10^{-10}	$2.93E\times10^{-10}$
理论最小值	$-1.031\ 6$	25.875	0	0
	F4($n=20$)	F4($n=50$)	F4($n=100$)	F4($n=200$)
Kriging	4.63×10^{-5}	1.83	46.63	157.27
HDMR-TLBO	2.01×10^{-7}	7.24×10^{-5}	2.63×10^{-4}	9.21×10^{-2}
理论最小值	0	0	0	0

8.5 气动外形优化设计及结果分析

本节采用 HDMR-TLBO 方法进行翼型、机翼的跨声速气动外形优化设计。分别采用基于 Kriging 的代理模型方法和 HDMR-TLBO 方法进行气动外形优化设计并进行对比研究。气动外形优化设计的目标为最大化翼型、机翼的升阻比。

8.5.1 二维气动优化设计

以 NACA0012 翼型为例,进行跨声速气动外形优化设计。气动网格见 4.4.2 节图 4-14 所示。设计的流动状态为:$Ma=0.73$,$\alpha=2.5°$,$Re=6.5\times10^6$,采用 CST 方法对翼型进行参数化,基于 RBF 的网格变形方法,优化设计变量为 32 个 CST 参数。

通过与基于代理模型的优化方法对比,验证 HDMR-TLBO 的优化效果。图 8-7 给出了 Kriging-TLBO 和 HDMR-TLBO 两种方法进行气动外形优化设计的收敛迭代过程,可以看出基于 Kriging 代理模型方法迭代 110 次收敛到最优目标值为 0.021 5,最优的最大升阻比为 46.34,相比于初始翼型的升阻比提升了 1 倍。HDMR－TLBO 方法迭代 10 次收敛到最优目标值为 0.021 2,优化获得的最大升阻比为 47.31,相比于初始翼型的升阻比提升了 1.03 倍。表 8－3 给出了最优设计相应的气动力系数的对比情况。HDMR－TLBO 方法获得的最优升力系数比 Kriging－TLBO 大,阻力系数要略小于 Kriging－TLBO 方法。图 8－8 给出了翼型气动优化获得的压力系数及翼型形状的对比,从压力系数的分布可以看出,两种方法优化所对应的激波强度远弱于初始 NACA0012 翼型的激波强度,HDMR－TLBO 获得的最优外形对应的激波强度要稍强于 Kriging－TLBO 方法。从压力分布可以看出,通过 HDMR－TLBO 获得的最优外形对应的上、下表面压差要大于 Kriging－TLBO。从二维翼型气动外形优化设计结果对比分析可知,HDMR－TLBO 对升阻比的提升效果与 Kriging 方法的优化效果相当。

表 8－3　翼型气动优化结果的对比

	C_l	C_d	L/D
NACA0012	0.406 21	0.017 54	23.21
HDMR－TLBO	0.563 51	0.011 95	47.16
Kriging－TLBO	0.517 67	0.011 17	46.34

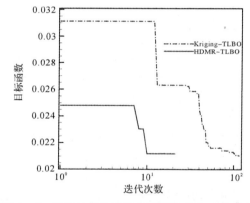

图 8－7　翼型气动外形优化设计的优化迭代过程

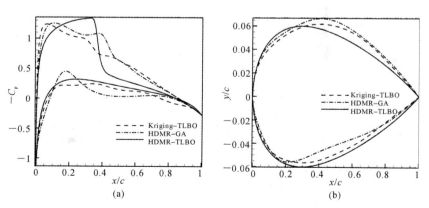

图 8－8　翼型气动优化结果的对比分析

(a)压力系数;　(b)翼型几何形状

8.5.2　三维气动优化设计

采用 7.4 节所介绍的三维机翼跨声速气动外形优化设计算例,验证本章所提出的 HDMR‐TLBO方法相比于 Kriging‐TLBO 方法在高维气动优化设计中的优越性。通过 CFD 数值模拟求解基于 S‐A 湍流模型的可压缩雷诺平均 N‐S 控制方程。设计的流动状态为:$Ma=0.83,\alpha=3.06°,Re=6.5\times10^6$,机翼气动外形参数化方法采用本书 3.4 节介绍的三维 CST 方法,气动网格变形采用基于 RBF 的网格变形方法。通过改变三维 CST 参数化方法的参数 n 和 m 来控制设计变量的个数,选取 4 个高维状态分别进行气动优化对比研究。选取设计参数维数分别为 42、98、144 和 200。另外,在进行高维气动优化设计中,HDMR‐TLBO 仅构建了一维的 Kriging 模型 $\hat{f}_i(x_i)$,没有构建二阶交叉效应模型 $\hat{f}_{ij}(x_{ij})$,因此所构建的高维 HDMR‐Kriging 可表示为 $\hat{f}(x)\approx f_0+\sum_{i=1}^{n}\hat{f}_i(x_i)$。 Kriging‐TLBO 用于训练初始 Kriging 的样本数量选为 20 个。在优化过程中,两种方法子优化 TLBO 的参数保持一致,均为 $N_p=10,G_{max}=500$。

图 8‐9～图 8‐13 分别给出了 42、98、144 和 200 维对应的机翼的气动外形优化设计的优化迭代过程。图 8‐9(a)给出了 42 维对应的目标函数随着子优化次数的变化情况,可以看出 HDMR‐TLBO 优化了 10 次的结果与 Kriging‐TLBO 方法优化了 200 次的结果几乎相同。图 8‐9(b)给出了 42 维对应的目标函数随着时间的变化情况,HDMR‐TLBO 所需的计算时间比 Kriging‐TLBO 所需计算时间长。图 8‐10(a)、图 8‐11(a)和图 8‐12(a)分别给出了 98、144 和 200 维对应的目标函数随着子优化次数的迭代过程,从图中可以看出 HDMR‐TLBO 方法只需进行一次子优化便可以获取比 Kriging‐TLBO 方法要好的优化结果。图 8‐10(b)、图 8‐11(b)和图 8‐12(b)分别给出了 98、144 和 200 维对应的目标函数随着时间的迭代过程,相比于 Kriging‐TLBO 方法,HDMR‐TLBO 方法可以用更少的计算时间获取更好的优化结果。图 8‐13 给出了两种方法优化的机翼的不同横截面的压力系数分布对比,可以看出 HDMR‐TLBO 方法优化机翼的各截面的激波强度要明显弱于 Kriging‐TLBO 方法。对于高维气动外形优化设计问题,在模型参数与优化参数相同情况下,HDMR‐TLBO 比基于代理模型方法需要更少的计算时间获得更好的优化结果。这里需要讨论及说明的是,由于计算资源限制,气动优化设计并没有充分进行,高维问题会增加优化算法的搜索难度,所以会导致优化的升阻比随着维数的增加略有降低。另外,HDMR‐TLBO 方法进行高维气动优化设计时,为了节省计算时间,在建模时,将二阶以上的高阶项忽略,这也是导致优化的升阻比随着维数的增加略有降低的另一个原因。

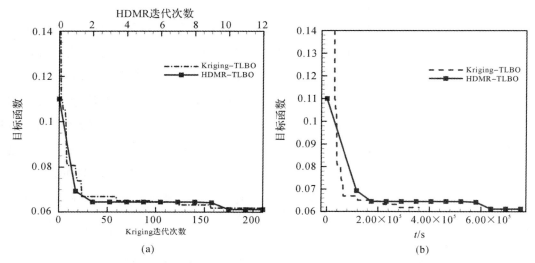

图 8-9 机翼的气动外形优化设计的优化迭代过程(42 维, $n=6$, $m=2$)

(a)目标函数随着子优化次数的迭代过程; (b)目标函数随着时间的迭代过程

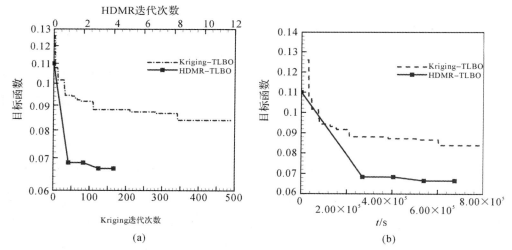

图 8-10 机翼的气动外形优化设计的优化迭代过程(98 维, $n=6$, $m=6$)

(a)目标函数随着子优化次数的迭代过程; (b)目标函数随着时间的迭代过程

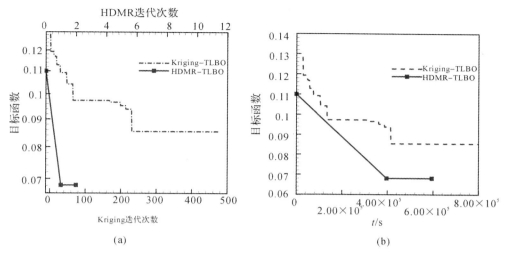

图 8-11　机翼的气动外形优化设计的优化迭代过程(144 维,$n=8$,$m=7$)

(a)目标函数随着子优化次数的迭代过程；　(b)目标函数随着时间的迭代过程

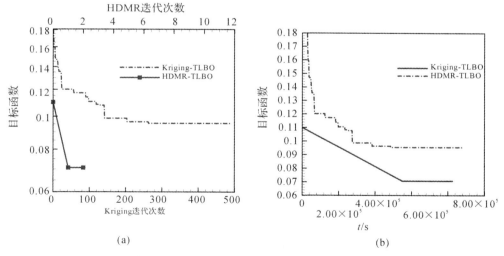

图 8-12　机翼的气动外形优化设计的优化迭代过程(200 维,$n=9$,$m=9$)

(a)目标函数随着子优化次数的迭代过程；　(b)目标函数随着时间的迭代过程

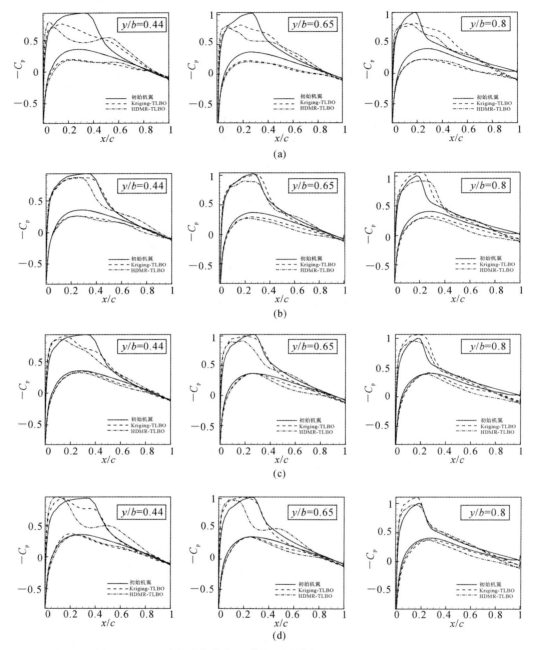

图 8-13　两种方法优化的机翼的不同横截面的压力系数分布对比

(a)不同方法优化的不同横截面的压力系数分布对比(42 维);

(b)不同方法优化的不同横截面的压力系数分布对比(98 维);

(c)不同方法优化的不同横截面的压力系数分布对比(144 维);

(d)不同方法优化的不同横截面的压力系数分布对比(200 维)

8.6　本 章 小 结

　　本章提出了一种基于高维模型分解的高维气动优化方法(HDMR-TLBO)。该方法基于高维模型分解的思想,通过将高维模型分解成一系列一维和二维模型,通过叠加来近似高维模型,这样便可大幅降低高维模型的建模难度。TLBO 算法具有比遗传算法、差分进化算法等更少的参数、更强的优化能力等优点。

　　从高维算例的优化结果可以看出,HDMR-TLBO 方法比基于代理模型优化方法 Kriging-TLBO 的优化效果好,说明这种将高维模型分解成一系列低维模型的建模思路要优于直接建立高维代理模型。此外,HDMR-TLBO 方法比 HDMR-GA 方法的优化效果好,说明在 HDMR 框架中,TLBO 算法优化效果要好于遗传算法。将提出的 HDMR-TLBO 方法应用于高维气动外形优化设计,HDMR-TLBO 比 Kriging-TLBO 方法需要更少的计算时间且能获得更好的优化结果。

参 考 文 献

[1] DULIKRAVICH G S. Aerodynamic shape design and optimization – status and trends [J]. Journal of Aircraft, 1992, 29(29):1020 – 1026.

[2] LEUNG T M, ZINGG D W. Aerodynamic shape optimization of wings using a parallel Newton – Krylov approach[J]. AIAA Journal, 2012, 50(3):540 – 550.

[3] HICKS R M, HENNE P A. Wing design by numerical optimization[J]. Journal of Aircraft, 1977, 15(7):407 – 412.

[4] 高正红. 气动外形优化设计方法研究与存在问题[C]//大型飞机关键技术高层论坛暨中国航空学会 2007 年学术年会论文集. 2007:1706 – 1710.

[5] JAMESON A, VASSBERG J C, SHANKARAN S. Aerodynamic – structural design studies of low-sweep transonic wings[J]. Journal of Aircraft, 2010, 47(2):505 – 514.

[6] KENWAY G K W, MARTINS J R R A. Multi – point high – fidelity aerostructural optimization of a transport aircraft configuration[J]. Journal of Aircraft, 2014, 51(1):144 – 160.

[7] HOOGERVORST J E K, ELHAM A. Wing aerostructural optimization using the individual discipline feasible architecture [J]. Aerospace Science and Technology, 2017, 65:90 – 99.

[8] KAI A J, KENNEDY G J, MARTINS J R R A. Concurrent aerostructural topology optimization of a wing box[J]. Computers and Structures, 2014, 134(134):1 – 17.

[9] ZHANG M, HE L. Combining shaping and flow control for aerodynamic optimization [J]. AIAA Journal, 2014, 53(4):1 – 14.

[10] MAZAHERI K, KIANI K C, NEJATI A, et al. Optimization and analysis of shock wave/boundary layer interaction for drag reduction by shock control bump [J]. Aerospace Science and Technology, 2015, 42:196 – 208.

[11] FENG D, NING Q, LIU X Q, et al. Shock control bump optimization for a low sweep supercritical wing[J]. Science China:Technological Sciences, 2013, 56(10):2385 – 2390.

[12] TIAN Y, LIU P Q, LI Z. Multi-objective optimization of shock control bump on a supercritical wing[J]. Science China:Technological Sciences, 2014, 57(1):192 – 202.

[13] WILLIAMS T, JEMCOV A, CORKE T. Airfoil shape optimization for dielectric barrier discharge plasma compliant flows[J]. AIAA Journal, 2015, 53(10):1 – 4.

[14] KENWAY G K W, MARTINS J R R A. Buffet – onset constraint formulation for aerodynamic shape optimization[J]. AIAA Journal, 2017, 55(6):1 – 18.

[15] TANG Z, CHEN Y, ZHANG L. Natural laminar flow shape optimization in transonic regime with competitive nash game strategy[J]. Applied Mathematical Modelling, 2017, 48:534 – 547.

[16] NEMEC M, ZINGG D W, PULLIAM T H. Multipoint and multi-objective aerodynamic shape optimization[J]. AIAA Journal, 2012, 42(6):1057 – 1065.

[17] RONCO C C D, PONZA R, BENINI E. Aerodynamic shape optimization in aeronautics: a fast and effective multi-objective approach [J]. Archives of Computational Methods in Engineering, 2014, 21(3):189 – 271.

[18] RONCO C C D, PONZA R, BENINI E. Aerodynamic shape optimization of aircraft components using an advanced multi-objective evolutionary approach[J]. Computer Methods in Applied Mechanics and Engineering, 2015, 285:255 – 290.

[19] KAMPOLIS I C, GIANNAKOGLOU K C. A multilevel approach to single and multiobjective aerodynamic optimization [J]. Computer Methods in Applied Mechanics and Engineering, 2008, 197(33):2963 – 2975.

[20] KOUHI M, DONG S L, BUGEDA G, et al. Multi-objective aerodynamic shape optimization using MOGA coupled to advanced adaptive mesh refinement [J]. Computers and Fluids, 2013, 88(88):298 – 312.

[21] JAMESON A. Optimum aerodynamic design using CFD and control theory[C]// AIAA Paper,1995 – 1729.

[22] KIM H J, SASAKI D, OBAYASHI S, et al. Aerodynamic optimization of supersonic transport wing using unstructured adjoint method[J]. AIAA Journal, 2008, 39(6): 1011 – 1020.

[23] CARPENTIERI G, KOREN B, TOOREN M J L V. Adjoint-based aerodynamic shape optimization on unstructured meshes[J]. Journal of Computational Physics, 2007, 224(1):267 – 287

[24] SRINATH D N, MITTAL S. An adjoint method for shape optimization in unsteady viscous flows[J]. Journal of Computational Physics, 2010, 229(6):1994 – 2008.

[25] PAPADIMITRIOU D I, PAPADIMITRIOU C. Aerodynamic shape optimization for minimum robust drag and lift reliability constraint [J]. Aerospace Science and Technology, 2016, 55:24 – 33.

[26] TANG Z, PÉRIAUX J. Uncertainty based robust optimization method for drag minimization problems in aerodynamics[J]. Computer Methods in Applied Mechanics and Engineering, 2012,217 – 220:12 – 24.

[27] NEMEC M, AFTOSMIS M. Parallel adjoint framework for aerodynamic shape optimization of component – based geometry[C]. AIAA paper, 2011 – 1249.

[28] ZYMARIS A S, PAPADIMITRIOU D I, GIANNAKOGLOU K C, et al. Adjoint wall functions: A new concept for use in aerodynamic shape optimization[J]. Journal of Computational Physics, 2010, 229(13):5228 – 5245.

[29] TANG X, LUO J, LIU F. Aerodynamic shape optimization of a transonic fan by an adjoint – response surface method[J]. Aerospace Science and Technology, 2017, 68: 26 – 36.

[30] OYAMA A, OBAYASHI S, NAKAHASHI K, et al. Aerodynamic wing optimization via evolutionary algorithms based on structured coding [J].

Computational Fluid Dynamics Journal，2000，8(1):570 – 577.

[31] 王晓鹏，高正红. 基于遗传算法的翼型气动外形优化设计[J]. 空气动力学学报，2000，18(3):324 – 329.

[32] EPSTEIN B，PEIGIN S. Optimization of 3D wings based on Navier – Stokes solutions and genetic algorithms[J]. International Journal of Computational Fluid Dynamics，2006，20(2):75 – 92.

[33] 李丁，夏露. 改进的粒子群优化算法在气动设计中的应用[J]. 航空学报，2012，33(10):1809 – 1816.

[34] ROGALSKY T，DERKSEN R W，KOCABIYIK S. Differential evolution in aerodynamic optimization[C]. // Proceeding of 46th Annual Conference of Canadian Aeronautics and Space Institute，Montreal，Quebec，1999，29 – 36.

[35] WANG X，DAMODARAN M. Aerodynamic shape optimization using CFD and parallel simulated annealing algorithms[J]. AIAA Journal，2001，39(8):1500 – 1508.

[36] MUYL F，DUMAS L，HERBERT V. Hybrid method for aerodynamic shape optimization in automotive industry[J]. Computers and Fluids，2004，33(5 – 6):849 – 858.

[37] KIM H J，LIOU M S. Aerodynamic optimization using a hybrid MOGA – local search method[C]//51st AIAA/ASME/ASCE/AHS/ASC Strutures，Structural Dynamics and Materials Conference，2010，2911.

[38] YIU K F C，LIU Y，TEO K L. A hybrid descent method for global optimization[J]. Journal of Global Optimization，2004，28(2):229 – 238.

[39] GIANNAKOGLOU K C，GIOTIS A P，KARAKASIS M K. Low-cost genetic optimization based on inexact pre-evaluations and the sensitivity analysis of design parameters[J]. Inverse Problems in Engineering，2001，9(4):389 – 412.

[40] KARAKASIS M K，GIOTIS A P，GIANNAKOGLOU K C. Inexact information aided，low – cost，distributed genetic algorithms for aerodynamic shape optimization[J]. International Journal for Numerical Methods in Fluids，2003，43(10 – 11):1149 – 1166.

[41] GIANNAKOGLOU K C. Design of optimal aerodynamic shapes using stochastic optimization methods and computational intelligence[J]. Progress in Aerospace Sciences，2002，38(1):43 – 76.

[42] PRAVEEN C，DUVIGNEAU R. Low cost PSO using metamodels and inexact pre-evaluation：Application to aerodynamic shape design[J]. Computer Methods in Applied Mechanics and Engineering，2009，198(9):1087 – 1096.

[43] PEHLIVANOGLU Y V，YAGIZ B. Aerodynamic design prediction using surrogate – based modeling in genetic algorithm architecture[J]. Aerospace Science and Technology，2012，23(1):479 – 491.

[44] 邓凯文，陈海昕. 基于差分进化和 RBF 响应面的混合优化算法[J]. 力学学报，2017，49(2):441 – 455.

[45] JOUHAUD J C，SAGAUT P，MONTAGNAC M，et al. A surrogate-model based multi-disciplinary shape optimization method with application to a 2D subsonic airfoil [J]. Computers and Fluids，2007，36(3)：520 – 529.

[46] JEONG S，MURAYAMA M，YAMAMOTO K. Efficient optimization design method using Kriging model[J]. Journal of Aircraft，2005，42(2)：413 – 420.

[47] SONG W，KEANE A J. Surrogate-based aerodynamic shape optimization of a civil aircraft engine nacelle[J]. AIAA Journal，2007，45(10)：2565 – 2574.

[48] WANG H，ZHU X，DU Z. Aerodynamic optimization for low pressure turbine exhaust hood using Kriging surrogate model[J]. International Communications in Heat and Mass Transfer，2010，37(8)：998 – 1003.

[49] HAN Z H，ZIMMERMANN，GOERTZ S. Alternative co-Kriging model for variable-Fidelity surrogate modeling[J]. AIAA Journal，2012，50(5)：1205 – 1210

[50] JAHANGIRIAN A，SHAHROKHI A. Aerodynamic shape optimization using efficient evolutionary algorithms and unstructured CFD solver[J]. Computers and Fluids，2011，46(1)：270 – 276.

[51] GIANNAKOGLOU K C，PAPADIMITRIOU D I，KAMPOLIS I C. Aerodynamic shape design using evolutionary algorithms and new gradient – assisted metamodels [J]. Computer Methods in Applied Mechanics and Engineering，2006，195(44 – 47)：6312 – 6329.

[52] 熊俊涛，乔志德，韩忠华. 基于响应面法的跨声速机翼气动外形优化设计[J]. 航空学报，2006，27(3)：399 – 402.

[53] ANDRES E，SALCEDO-SANZ S，MONGE F. Efficient aerodynamic design through evolutionary programming and support vector regression algorithms [J]. Expert Systems with Applications and International Journal，2012，39(12)：10700 – 10708.

[54] IULIANO E，QUAGLIARELLA D. Proper orthogonal decomposition，surrogate modelling and evolutionary optimization in aerodynamic design[J]. Computers and Fluids，2013，84(19)：327 – 350.

[55] DUAN Y，CAI J，LI Y. Gappy proper orthogonal decomposition – based two – step optimization for airfoil design[J]. AIAA Journal，2012，50(4)：968 – 971.

[56] 段焰辉，蔡晋生，刘秋洪. 基于代理模型方法的翼型优化设计[J]. 航空学报，2011，32(4)：617 – 627.

[57] VAVALLE A，QIN N. Iterative response surface based optimization scheme for transonic airfoil design[J]. Journal of Aircraft，2012，44(2)：365 – 376.

[58] GLAZ B，GOEL T，LIU L，et al. Multiple – surrogate approach to helicopter rotor blade vibration reduction[J]. AIAA Journal，2012，47(1)：271 – 282.

[59] CHEN S，XIONG Y，CHEN W. Multi response and multi stage metamodeling approach for design optimization[J]. AIAA Journal，2012，47(1)：206 – 218.

[60] QUEIPO N V，HAFTKA R T，WEI S，et al. Surrogate – based analysis and optimization[J]. Progress in Aerospace Sciences，2005，41(1)：1 – 28.

[61] 韩忠华. Kriging 模型及代理优化算法研究进展[J]. 航空学报，2016，37(11)：3197 –

3225.

[62] MACKMAN T J, ALLEN C B, GHOREYSHI M, et al. Comparison of adaptive sampling methods for generation of surrogate aerodynamic models [J]. AIAA Journal, 2013, 51(4):797-808.

[63] LIU J, SONG W P, HAN Z H, et al. Efficient aerodynamic shape optimization of transonic wings using a parallel infilling strategy and surrogate models[J]. Structural and Multidisciplinary Optimization, 2017, 55(3):925-943.

[64] LIU H, ONG Y S, CAI J. A survey of adaptive sampling for global metamodeling in support of simulation-based complex engineering design [J]. Structural and Multidisciplinary Optimization, 2017, 6:1-24.

[65] LEIFSSON L, KOZIEL S. Aerodynamic shape optimization by variable-fidelity computational fluid dynamics models: A review of recent progress[J]. Journal of Computational Science, 2015, 10:45-54.

[66] TESFAHUNEGN Y A, KOZIEL S, LEIFSSON L, et al. Surrogate-based airfoil design with space mapping and adjoint sensitivity [J]. Procedia Computer Science, 2015, 51:795-804.

[67] LEIFSSON L, KOZIEL S. Multi-fidelity design optimization of transonic airfoils using physics-based surrogate modeling and shape-preserving response prediction[J]. Journal of Computational Science, 2010, 1(2):98-106.

[68] KOZIEL S, LEIFSSON L. Surrogate-based aerodynamic shape optimization by variable-resolution models[J]. AIAA Journal, 2013, 51(1):94-106.

[69] KOZIEL S, LEIFSSON L. Adaptive response correction for surrogate-based airfoil shape optimization[C]//30th AIAA Applied Aerodynamics Conference, 2012,3121.

[70] HAN Z H, GÖRTZ S. Hierarchical Kriging model for variable-fidelity surrogate modeling[J]. AIAA Journal, 2012, 50(9):1885-1896.

[71] HAN Z H, GÖRTZ S, ZIMMERMANN R. Improving variable-fidelity surrogate modeling via gradient-enhanced Kriging and a generalized hybrid bridge function[J]. Aerospace Science and Technology, 2013, 25(1):177-189.

[72] YAMAZAKI W, MAVRIPLIS D J. Derivative-enhanced variable fidelity surrogate modeling for aerodynamic functions[J]. AIAA Journal, 2013, 51(1):126-137.

[73] HUYSE L, LEWIS R. Aerodynamic shape optimization of two-dimensional airfoil under uncertainty conditions[R]. NASA/CR-2001-210648.

[74] WALTERS W, LUYSE L. Uncertainty analysis for fluid mechanics with applications [R]. NASA/CR-2002-211449.

[75] OBERKAMPF W L, HELTON J C, SENTZ K. Mathematical representation of uncertainty[C]. AIAA Paper,2001-1645.

[76] ZANG T A, HEMSCH M J, HILBURGER M W, et al. Needs and opportunities for uncertainty-based multidisciplinary design methods for aerospace vehicles [R]. NASA Reports, 2002,211462.

[77] PELLETIER D, TURGEON E, LACASSE D. Adaptivity, sensitivity and

uncertainty: toward standards of good practice in computational fluid dynamics[J]. AIAA Journal, 2003, 41(10):1925 - 1932.

[78] LUCKRING J M, HEMSCH M J, MORRISON J H. Uncertainty in computational aerodynamics[C]. AIAA Paper, 2003:409.

[79] MATHELIN L, HUSSAINI M Y, ZANG T A. Stochastic approaches to uncertainty quantification in CFD simulations[J]. Numerical Algorithms, 2005, 38(1 - 3): 209 - 236.

[80] XIU D, HESTHAVEN J S. High - order collocation methods for differential equations with random inputs[J]. SIAM Journal on Scientific Computing, 2005, 27 (3):1118 - 1139.

[81] KNIO O M, MAîTRE O P L. Uncertainty propagation in CFD using polynomial chaos decomposition[J]. Fluid Dynamics Research, 2006, 38(9):616 - 640.

[82] NAJM H N. Uncertainty quantification and polynomial chaos techniques in computational fluid dynamics[J]. Annual Review of Fluid Mechanics, 2009, 41(41): 35 - 52.

[83] LOEVEN G J A, WITTEVEEN J A S, BIJL H. Probabilistic collocation: An efficient non - intrusive approach for arbitrarily distributed parametric uncertainties [C]//AIAA Paper, 2007:317.

[84] SIMON F, GUILLEN P, SAGAUT P, et al. A gPC - based approach to uncertain transonic aerodynamics [J]. Computer Methods in Applied Mechanicsand Engineering, 2010, 199(17 - 20):1091 - 1099.

[85] CHASSAING J C, LUCOR D. Stochastic investigation of flows about airfoils at transonic speeds[J]. AIAA Journal, 2010, 48(5):938 - 950.

[86] HOSDER S, WALTERS R W, BALCH M. Point - collocation nonintrusive polynomial chaos method for stochastic computational fluid dynamics[J]. AIAA Journal, 2010, 48(12):2721 - 2730.

[87] LIU Z Y, WANG X D, KANG S. Stochastic performance evaluation of horizontal axis wind turbine blades using non - deterministic CFD simulations [J]. Energy, 2014, 73(7):126 - 136.

[88] 邬晓敬, 张伟伟, 宋述芳, 等. 翼型跨声速气动特性的不确定性及全局灵敏度分析[J]. 力学学报, 2015, 47(4):587 - 595.

[89] YAO W, CHEN X Q, LUO W C, et al. Review of uncertainty - based multi - disciplinary design optimization methods for aerospace vehicles [J]. Progress in Aerospace Sciences, 2011, 47:450 - 479

[90] GYUNG J P, LEE T H, HWANG K H. Robust design: an overview[J]. AIAA Journal, 2006, 44(1):181 - 191.

[91] BEYER H G, SENDHOFF B. Robust optimization — a comprehensive survey[J]. Computer Methods in Applied Mechanics and Engineering, 2007, 196 (33): 3190 - 3218.

[92] PADULO M, GUENOV M D. Worst - case robust design optimization under

distributional assumptions [J]. International Journal for Numerical Methods in Engineering, 2011, 88, 797 - 816.

[93]　HUYSE L, SHARON L P, LEWIS R M, et al. Probabilistic approach to free - formairfoil shape optimization under uncertainty[J]. AIAA Journal, 2002, 40 (9): 1764 - 1772.

[94]　TANG Z, PÉRIAUX J. Uncertainty based robust optimization method for drag minimization problems in aerodynamics[J]. Computer Methods in Applied Mechanics and Engineering, 2012, 217: 12 - 24.

[95]　PAPADIMITRIOU D I, PAPADIMITRIOU C. Aerodynamic shape optimization for minimum robust drag and lift reliability constraint [J]. Aerospace Science and Technology, 2016, 55: 24 - 33.

[96]　PADULO M, CAMPOBASSO M S, GUENOV M D. Novel uncertainty propagation method for robust aerodynamic design [J]. AIAA Journal, 2011, 49 (3): 530 - 543.

[97]　SCHILLINGS C, SCHULZ V. On the influence of robustness measures on shape optimization with stochastic uncertainties[J]. Optimization and Engineering, 2015, 16(2): 347 - 386.

[98]　FORRESTER A I J, KEANE A J. Recent advances in surrogate - based optimization [J]. Progress in Aerospace Sciences, 2009, 45(1): 50 - 79.

[99]　邬晓敬, 张伟伟, 肖华, 等. 一种基于响应面的翼型鲁棒优化设计方法[J]. 工程力学, 2015, 32(2):250 - 256.

[100]　SHAH H, HOSDER S, KOZIEL S, et al. Multi - fidelity robust aerodynamic design optimization under mixed uncertainty [J]. Aerospace Science and Technology, 2015, 45: 17 - 29.

[101]　ZHAO K, GAO Z, HUANG J. Robust design of natural laminar flow super critical airfoil by multi-objective evolution method [J]. Applied Mathematics and Mechanics, 2014, 35: 191 - 202.

[102]　FUSI F, GUARDONE A, QUARANTA G, et al. Multifidelity physics - based method for robust optimization applied to a hovering rotor airfoil[J]. AIAA Journal, 2015, 53(11): 3448 - 3465.

[103]　LUCOR D, ENAUX C, JOURDREN H, et al. Stochastic design optimization: Application to reacting flows[J]. Computer Methods in Applied Mechanics and Engineering, 2007, 196(49): 5047 - 5062.

[104]　KUMAR N, DIWAKAR A, ATTREE S K, et al. A method to carry out shape optimization with a large number of design variables[J]. International Journal for Numerical Methods in Fluids, 2013, 71(12):1494 - 1508.

[105]　CHERNUKHIN O, ZINGG D W. Multimodality and global optimization in aerodynamic design[J]. AIAA Journal, 2013, 51(6):1342 - 1354.

[106]　LYU Z, KENWAY G K W, MARTINS J R R A. Aerodynamic shape optimization investigations of the common research model wing benchmark[J]. AIAA Journal, 2015, 53(4):968 - 985.

[107] LYU Z, MARTINS J R R A. Aerodynamic design optimization studies of a Blended –Wing – Body aircraft[J]. Journal of Aircraft, 2014, 51(5):1604 – 1617.

[108] SHAN S, WANG G G. Survey of modeling and optimization strategies to solve high –dimensional design problems with computationally – expensive black – box functions[J]. Structural and Multidisciplinary Optimization, 2010, 41(2):219 – 241.

[109] TOAL D J J, BRESSLOFF N W, KEANE A J, et al. Geometric filtration using proper orthogonal decomposition for aerodynamic design optimization[J]. AIAA Journal, 2010, 48(5):916 – 928.

[110] BERGUIN S H, MAVRIS D N. Dimensionality reduction using principal component analysis applied to the gradient[J]. AIAA Journal, 2014, 53(4):1078 – 1090.

[111] HAN Z H, ZHANG Y, SONG C X, et al. Weighted gradient – enhanced Kriging for high – dimensional surrogate modeling and design optimization[J]. AIAA Journal, 2017, 55(2):1 – 17.

[112] 张伟伟,高传强,叶正寅. 气动弹性计算中网格变形方法研究进展[J]. 航空学报, 2014, 35(2):303 – 319.

[113] BANITA J T. Unsteady Euler airfoil solutions using unstructured dynamic meshes [J]. AIAA Journal, 1990, 28(8): 1381 – 1388.

[114] FARHAT C, DEGAND C, KOOBUS B, et al. Torsional springs for two – dimensional dynamic unstructured fluid meshes[J]. Computer Methods in Applied Mechanics and Engineering, 1998, 163(4): 231 – 245.

[115] BLOM F J. Considerations on the spring analogy[J]. International Journal for Numerical Methods in Fluids, 2000, 32(6): 647 – 668.

[116] BOER A, SCHOOT M S, FACULTY H B. Mesh deformation based on radial basis function interpolation[J]. Computers and Structures, 2007,85(11 – 14):784 – 795.

[117] STEGER J L, WARMING R F. Flux vector splitting of the inviscid gas – dynamics equations with application to finite difference methods[J]. Journal of Computational Physics, 1981, 40(2): 263 – 293.

[118] VAN LEER B. Flux vector splitting for Euler equations[J]. Lecture Notes in Physics, 1982, 170: 507 – 512.

[119] ROE P L. Approximate Riemann solvers, parameter vectors and difference schemes [J]. Journal of Computational Physics, 1981, 43(2): 357 – 372.

[120] LIOU M S, CHRISTOPHER J, STEFFEN J. A new flux splitting scheme[J]. Journal of Computational Physics, 1993, 17: 23 – 29.

[121] LIOU M S. Mass flux schemes and connection to shock instability[J]. Journal of Computational Physics, 2000, 160(2): 623 – 648.

[122] PULLIAM T H, CHAUSSEE D S. A diagonal form of an implicit approximate factorization algorithm[J]. Journal of Computational Physics, 1981, 39: 347 – 363.

[123] YOON S, JAMESON A. Lower – upper symmetric Gauss – Seidel method for the Euler and Navier – Stokes equations[J]. AIAA Journal, 1988, 26(9): 1025 – 1026.

[124] LUO H, BAUM J D, LOHNER R. A fast, matrix – free implicit method for compressible flows on unstructured grids[J]. Journal of Computational Physics, 1998, 146: 664 – 690.

[125] JAMESON A. Time dependent calculations using multigrid with application to unsteady flows past airfoils and wings[C]. AIAA Paper, 1991:1596.

[126] SCHMITT V, CHARPIN F. Pressure distributions on the ONERA – M6 – wing at transonic mach numbers [R]. Experimental Data Base for Computer Program Assessment, AGARD – AR – 138, 1979.

[127] VASSBERG J, DEHAAN M, RIVERs M, et al. Development of a common research model for applied CFD validation studies [C]// AIAA Applied Aerodynamics Conference, 2008, 6919.

[128] RIDER B, RUMSEY C, MAVRIPLIS D J, et al. Summary of data from the fifth AIAA CFD drag prediction workshop[C]// AIAA Aerospace Sciences Meeting. DLR, 2003:1 – 31.

[129] SRIPAWADKUL V, PADULO M, GUENOV M. A comparison of airfoil shape parameterization techniques for early design optimization[C]//13th AIAA/ISSMO multidisciplinary analysis optimization conference. 2010, 9050.

[130] MASTERS D A, Taylor N J, Rendall T C S, et al. Geometriccomparison of aerofoil shape parameterization methods[J]. AIAA Journal, 2016, 55:1 – 15.

[131] SOBIECZKY H. Manual aerodynamic optimization of an oblique flying wing[C]. // 36th Aerospace Sciences Meeting & Exhibit. AIAA Paper, 1998, 598.

[132] SHAHROKHI A, JAHANGIRIAN A. Airfoil shape parameterization for optimum Navier-Stokes design with genetic algorithm [J]. Aerospace Science and Technology, 2007, 11(6): 443 – 450.

[133] SÓBESTER, ANDRÁS, FORRESTER A I J. Aircraft aerodynamic design: geometry and optimization[M]. John Wiley & Sons, 2014.

[134] DERKSEN R W, ROGALSKY T. Bezier – PARSEC: An optimized aerofoil parameterization for design[J]. Advances in Engineering Software, 2010, 41(7): 923 – 930.

[135] KHARAL A, SALEEM A. Neural networks based airfoil generation for a given Cp using Bezier – PARSEC parameterization[J]. Aerospace Science and Technology, 2012, 23(1): 330 – 344.

[136] HAN X, ZINGG D W. An adaptive geometry parametrization for aerodynamic shape optimization[J]. Optimization and Engineering, 2014, 15(1): 69 – 91.

[137] EBRAHIMI M, JAHANGIRIAN A. Aerodynamic optimization of airfoils using adaptive parameterization and genetic algorithm[J]. Journal of Optimization Theory and Applications, 2014, 162(1): 257 – 271.

[138] HICKS R M, HENNE P A. Wing design by numerical optimization[J]. Journal of Aircraft, 1978, 15(7): 407 – 412.

[139] KULFAN B M, BUSSOLETTI J E. Fundamental parametric geometry

representations for aircraft component shape[C]. AIAA Paper，2006 - 6948.

[140]　PADULO M，MAGINOT J，GUENOV M. Airfoil design under uncertainty with robust geometric parameterization[C]//AIAA Paper，2009，2270.

[141]　LASSILA T，ROZZA G. Parametric free - form shape design with PDE models and reduced basis method［J］. Computer Methods in Applied Mechanics and Engineering，2010，199(23)：1583 - 1592.

[142]　GAGNON H，ZINGG D W. Two - level free - form and axial deformation for exploratory aerodynamic shape optimization[J]. AIAA Journal，2015，53：1 - 12.

[143]　马晓冰，范召林，吴文华，等. 基于 NURBS 方法的机翼气动外形优化[J]. 航空学报，2011，32(9)：1616 - 1621.

[144]　SHAHROKHI A，JAHANGIRIAN A. Airfoil shape parameterization for optimum Navier - Stokes design with genetic algorithm［J］. Aerospace Science and Technology，2007，11(11)：443 - 450.

[145]　HICKS R M，HENNE P A. Wing design by numerical optimization[J]. Journal of Aircraft，1978，15(7)：407 - 412.

[146]　王建军，高正红. Hicks - Henne 翼型参数化方法分析及改进[J]. 航空计算技术，2010，40(4)：46 - 49.

[147]　刘丽娜，吴国新. 基于 Hicks - Henne 型函数的翼型参数化设计以及收敛特性研究［J］. 科学技术与工程，2014，14(30)：151 - 155.

[148]　张扬，白俊强，朱军，等. 改进 Hicks - Henne 型函数法在翼型参数化中的应用[J]. 飞行力学，2011，29(5)：35 - 38.

[149]　马晓永，范召林，吴文华，等. 基于 NURBS 方法的机翼气动外形优化[J]. 航空学报，2011，32(9)：1616 - 1621.

[150]　DE BOOR C. A practical guide to splines[J]. Applied Mathematical Sciences，1978，27(149)：157 - 157.

[151]　邬晓敬，张伟伟，肖华，等. 一种基于响应面的翼型鲁棒优化设计方法[J]. 工程力学，2015，32(2)：250 - 256.

[152]　关晓辉，李占科，宋笔锋. CST 气动外形参数化方法研究[J]. 航空学报，2012，33(4)：625 - 633.

[153]　SU H，GU L，GONG C. Research on geometry modeling method based on three - dimensional CST parameterization technology［C］// 16th AIAA/ISSMO Multidisciplinary Analysis and Optimization Conference. 2013 - 3241.

[154]　SU H，GONG C，GU L. Three - dimensional CST parameterization method applied in aircraft aeroelastic analysis[J]. International Journal of Aerospace Engineering，2017，2017(1)：1 - 15.

[155]　PARRY T W S S R. Free - form deformation of solid geometric models[J]. ACM，Computer Graphics，1986，20(4)：151 - 160.

[156]　陈婉春，孙刚. 基于气动特性翼型参数化方法的适用性研究[J]. 力学季刊，2015(4)：678 - 689.

[157]　廖炎平，刘莉，龙腾. 几种翼型参数化方法研究[J]. 弹箭与制导学报，2011，31(3)：

160 - 164.

[158] 尹强,高正红. 外形参数化方法对气动优化过程的影响[J]. 科学技术与工程,2012,12(14):3394 - 3398.

[159] CHONG E K P,STANISLAW H Z. 最优化导论[M]. 孙志强,白圣建,等译. 北京:电子工业出版社,2015.

[160] 马昌凤. 最优化方法及其 Matlab 程序设计[M]. 北京:科学出版社,2010.

[161] KENNEDY J,EBERHART R. Particle swarm optimization[C]//Proceeding of IEEE International Conference on Neural Networks,Perth,Australia,Nov. 27 - Dec. 1995:1942 - 1948.

[162] 冯春时. 群智能优化算法及其应用[D]. 合肥:中国科学技术大学,2009.

[163] GILES M,PIERCE N. An introduction to the adjoint approach to design[J]. Flow Turbulence and Combustion,2000,65(3 - 4):393 - 415.

[164] SHI Y,EBERHART R C. Empirical study of particle swarm optimization[C]//Congress on Evolutionary Computation,2002:320 - 324.

[165] GILES M B,PIERCE N A. On the properties of solutions of the adjoint Euler equations [J]. Numerical Methods for Fluid Dynamics VI. ICFD,1998:1 - 16.

[166] JAMESON A. Aerodynamic design via control theory[J]. Journal of Scientific Computing,1988,3(3):233 - 260.

[167] PIRONNEAU O. Optimal shape design for elliptic systems[J]. Acta Applicandae Mathematica,1984,6(3):309 - 312.

[168] JAMESON A,REUTHER J. Control theory based airfoil design using the Euler equations[C]//AIAA Paper,1994 - 4272.

[169] JAMESON A. Optimum aerodynamic design using CFD and control theory[C]. AIAA Paper,1995 - 1729.

[170] JAMESON A,MARTINELLI L,PIERCE N A. Optimum aerodynamic design using the Navier-Stokes equations [J]. Theoretical and Computational Fluid Dynamics,1998,10(1 - 4):213 - 237.

[171] ANDERSON W K,VENKATAKRISHNAN V. Aerodynamic design optimization on unstructured grids with a continuous adjoint formulation[J]. Computers and Fluids,1999,28(4 - 5):443 - 480.

[172] NIELSEN E J,LU J,PARK M A,et al. An implicit,exact dual adjoint solution method for turbulent flows on unstructured grids[J]. Computers and Fluids,2004,33(9):1131 - 1155.

[173] MAVRIPLIS D. Discrete adjoint - based approach for optimization problems on three - dimensional unstructured meshes[J]. AIAA Journal,2007,45(4):741 - 50.

[174] MAVRIPLIS D J. Multigrid solution of the discrete adjoint for optimization problems on unstructured meshes[J]. AIAA Journal,2006,44(1):42 - 50.

[175] KIM C S,KIM C,RHO O H. Feasibility study of constant eddy - viscosity assumption in gradient - based design optimization[J]. Journal of Aircraft,2003,40(6):1168 - 1176.

[176] NADARAJAH S K，JAMESON A. Optimum shape design for unsteady flows withtime - accurate continuous and discrete adjoint method[J]. AIAA Journal，2007，45(7)：1478 - 1491.

[177] LEE B J, LIOU M S. Unsteady adjoint approach for design optimization of flapping airfoils[J]. AIAA Journal，2012，50(11)：2460 - 2475.

[178] CAMPOBASSO M S, DUTA M C, GILES M B. Adjoint calculation of sensitivities of turbomachinery objective functions[J]. Journal of Propulsion and Power，2003，19(4)：693 - 703.

[179] WANG D X，HE L. Adjoint aerodynamic design optimization for blades in multistage turbomachines—Part I：Methodology and verification[J]. Journal of Turbomachinery，2010，132(2)：021011.

[180] SPAGNOLI B，AIRIAU C. Adjoint analysis for noise control in a two - dimensional compressible mixing layer[J]. Computers and Fluids，2008，37(4)：475 - 486.

[181] KIM J，BODONY D，FREUND J. Analysis of the near - field of an adjoint - based noise controlled Mach 1. 3 turbulent jet[C]// 49th AIAA Aerospace Sciences Meeting，2011 - 1153.

[182] 刘伟. 随机和认知不确定性条件下的多学科设计优化建模研究[D]. 成都：电子科技大学，2011.

[183] HOFFMAN F O，HAMMONDS J S. Propagation of uncertainty in risk assessments：the need to distinguish between uncertainty due to lack of knowledge and uncertainty due to variability[J]. Risk Analysis，1994，14(5)：707 - 712.

[184] ELDRED M S, SWILER L P, TANG G. Mixed aleatory - epistemic uncertainty quantification with stochastic expansions and optimization - based interval estimation[J]. Reliability Engineering and System Safety，2011，96(9)：1092 - 1113.

[185] MOORE R E. Interval analysis[M]. Englewood Cliffs，New Jersey：Prentice - Hall,1966.

[186] 苏静波，邵国建. 基于区间分析的工程结构不确定性研究现状与展望[J]. 力学进展，2005，35(3)：338 - 344.

[187] HU J，QIU Z. Non - probabilistic convex models and interval analysis method for dynamic response of a beam with bounded uncertainty[J]. Applied Mathematical Modelling，2010，34(3)：725 - 734.

[188] MOENS D，VANDEPITTE D. Fuzzy finite element method for frequency response function analysis of uncertain structures[J]. AIAA Journal，2002，40(1)：126 - 136.

[189] EADIE W T，KIRKPATRICK L D. Statistical methods in experimental physics[J]. Physics Today，1973,26(2)：51 - 53.

[190] 吕震宙. 结构机构可靠性及可靠性灵敏度分析[M]. 北京：科学出版社，2009.

[191] 聂祚兴. 车身噪声传递函数的全局灵敏度分析及稳健优化设计[D]. 长沙：湖南大学，2012.

[192] WEI P, LU Z, SONG J. Variable importance analysis: A comprehensive review[J]. Reliability Engineering and System Safety, 2015, 142:399-432.

[193] 魏鹏飞. 结构系统可靠性及灵敏度分析研究[D]. 西安:西北工业大学, 2015.

[194] SOBOL I M. Global sensitivity indices for nonlinear mathematical models and their Monte Carlo estimates[J]. Mathematics and Computers in Simulation, 2001, 55 (1):271-280.

[195] SUDRET B. Global sensitivity analysis using polynomial chaos expansions[J]. Reliability Engineering and System Safety, 2008, 93(7):964-979.

[196] SALTELLI A, RATTO M, ANDRES T, et al. Global sensitivity analysis. The Primer[M]. England: John Wiley&Sons, Ltd, 2008.

[197] HELTON J C, JOHNSON J D, SALLABERRY C J, et al. Survey of sampling-based methods for uncertainty and sensitivity analysis[J]. Reliability Engineering and System Safety, 2006, 91(10-11):1175-1209.

[198] CAFLISCH R E. Monte Carlo and Quasi-Monte Carlo methods[J]. Acta Numerica, 1998, 7(2):1-49.

[199] WIENER N. The homogeneous chaos[J]. American Journal of Mathematics, 1938, 60:897-936.

[200] GHANEM R G, SPANOS P D. Stochastic finite elements: A spectral approach [M]. Berlin:Springer,1991.

[201] XIU D, KARNIADAKIS G E. Modeling uncertainty in flow simulations via generalized polynomial chaos[J]. Journal of Computational Physics, 2003, 187(1):137-167.

[202] THANH T B, WILLCOX K. Parametric Reduced-Order Models for probabilistic analysis of unsteady aerodynamic applications[J]. AIAA Journal, 2008, 46(10):2520-2529.

[203] BUNGARTZ H J, GRIEBEL M. Sparse grids[J]. Acta Numerica, 2004, 13(13):147-269.

[204] GERSTNER T, GRIEBEL M. Numerical integration using sparse grids [J]. Numerical Algorithms, 1998, 18(3-4):209.

[205] NOVAK E, RITTER K. High dimensional integration of smooth functions over cubes[J]. Numerische Mathematik, 1996, 75(1):79-97.

[206] GARCKE J, GRIEBEL M. Datamining with sparse grids[J]. Computing, 2001, 67 (3): 225-253.

[207] XIONG F, GREENE S, CHEN W, et al. A new sparse grid-based method for uncertainty propagation[J]. Structural and Multidisciplinary Optimization, 2010, 41(3): 335-349.

[208] XIU D, HESTHAVEN J. Higher-order collocation method for differential equations with random Inputs[J]. SIAM Journal on Sciertific Computing, 2005,27 (3): 1118-1139.

[209] BASKAR G, NICHOLAS Z. Sparse grid collocation schemes for stochastic natural

convection problems[J]. Journal of Computational Physics, 2007, 225:652-685.

[210] RESMINI A, PETER J, LUCOR D. Sparse grids - based stochastic approximations with applications to aerodynamics sensitivity analysis[J]. International Journal for Numerical Methods in Engineering, 2016, 106(1): 32-57.

[211] LEE D S, GONZALEZ L F, PERIAUX J, et al. Robust design optimization using multi - objective evolutionary algorithms[J]. Computers and Fluids, 2008, 37(5): 565-583.

[212] SURYAWANSHI A, GHOSH D. Reliability based optimization in aeroelastic stability problems using polynomial chaos based metamodels[J]. Structural and Multidisciplinary Optimization, 2016:1-12.

[213] CHATTERJEE A. An introduction to the proper orthogonal decomposition[J]. Current Science, 2000, 78(7): 808-817.

[214] PADULO M, CAMPOBASSO M S, GUENOV M D. Novel uncertainty propagation method for robust aerodynamic design [J]. AIAA Journal, 2011, 49 (3): 530-543.

[215] SUN X H, XU M H. Optimal control of water flooding reservoir using proper orthogonal decomposition[J]. Journal of Computational and Applied Mathematics, 2017, 320:120-137.

[216] CARLSON H A, VERBER R, HARRIS C A. Aeroservoelastic modeling with proper orthogonal decomposition[J]. Physics of Fluids, 2017, 29(2):020711.

[217] VASSBERG J C, HARRSION N, ROMAN D L, et al. A systematic study on the impact of dimensionality for a two - dimensional aerodynamic optimization model problem[C]// 29th Applied Aerodynamic Conference, 2011:3176.

[218] TESFAHUNEGN Y A, KOZEIL S, GRAMANZINI J R, et al. Application of direct and surrogate - Based optimization to two - dimensional benchmark aerodynamic problems: A comparative study[C]// AIAA Science and Technology Forum and Exposition. 2015:1545.

[219] ZHANG Y, HAN Z H, SHI L, et al. Multi - round Surrogate - basedoptimization for benchmark aerodynamic design problems[C]//54th AIAA Aerospace Sciences Meeting. 2015:1545.

[220] LEE C, KOO D, TELIDETZKI K, et al. Aerodynamic shape optimization of benchmark problems using jetstream[C]// 53rd AIAA Science and Technology Forum and Exposition, 2013:262.

[221] REN J, THELEN A S, AMRIT A, et al. Application of multifidelity optimization techniques to benchmark aerodynamic design problems[C]// 54th AIAA Aerospace Sciences Meeting, 2016:1542.

[222] LEIFSSON L T, KOZIEL S, HOSDER S. Aerodynamic design optimization: physics - based surrogate approaches for airfoil and wing design [C]//52nd Aerospace Sciences Meeting. 2014:572.

[223] IULIANO, EMILIANO. Global optimization of benchmark aerodynamic cases using

physics – based surrogate models[J]. Aerospace Science and Technology, 2017, 67: 273 – 286.

[224] WANG H, TANG L, LI G Y. Adaptive MLS – HDMR metamodeling techniques for high dimensional problems[J]. Expert Systems with Applications, 2011, 38 (11):14117 – 14126.

[225] CAI X, QIU H, GAO L, et al. An enhanced RBF – HDMR integrated with an adaptive sampling method for approximating high dimensional problems in engineering design[J]. Structural and Multidisciplinary Optimization, 2016, 53(6): 1209 – 1229.

[226] TANG L, WANG H, LI G. Advanced high strength steel spring back optimization by projection – based heuristic global search algorithm[J]. Materials and Design, 2013, 43:426 – 437.

[227] LI E, WANG H, LI G. High dimensional model representation (HDMR) coupled intelligent sampling strategy for nonlinear problems [J]. Computer Physics Communications, 2012, 183(9):1947 – 1955.

[228] LIU H, HERVAS J R, ONG Y S, et al. An adaptive RBF – HDMR modeling approach under limited computational budget[J]. Structural and Multidisciplinary Optimization, 2017(3):1 – 18.

[229] CAI X, QIU H, GAO L, et al. Metamodeling for high dimensional design problems by multi – fidelity simulations[J]. Structural and Multidisciplinary Optimization, 2017, 56(1):151 – 166.

[230] RAO R V, SAVSANI V J, VAKHARIA D P. Teaching – Learning – Based Optimization: An optimization method for continuous non – linear large – scale problems[J]. Information Sciences, 2012, 183(1):1 – 15.

[231] SEGURA C, COELLO C A C, HERNÂNDEZ – DÍAZ A G. Improving the vector generation strategy of Differential Evolution for large – scale optimization [J]. Information Sciences, 2015, 323:106 – 129.

[232] RAO R V, SAVSANI V J, BALIC J. Teaching – learning – based optimization algorithm for unconstrained and constrained real – parameter optimization problems [J]. Engineering Optimization, 2012, 44(12):1447 – 1462.

[233] CRUZ N C, REDONDO J L, ÁLVAREZ J D, et al. A parallel Teaching – Learning – Based Optimization procedure for automatic heliostat aiming[J]. Journal of Supercomputing, 2017,73(1):591 – 606.

[234] SATAPATHY S C, NAIK A. Modified Teaching-Learning – Based Optimization algorithm for global numerical optimization:A comparative study[J]. Swarm and Evolutionary Computation, 2014, 16:28 – 37.

[235] MADSEN J I, SHYY W, HAFTKA R T, et al. Response surface techniques for diffuser shape optimization[J]. AIAA Journal,2000,38(9):1512 – 1518.